2014年 2014（总第8册）

主管单位：	中华人民共和国住房和城乡建设部 中华人民共和国教育部
主办单位：	全国高等学校建筑学学科专业指导委员会 全国高等学校建筑学专业教育评估委员会 中国建筑学会 中国建筑工业出版社
协办单位：	清华大学建筑学院　　　　同济大学建筑与城规学院 东南大学建筑学院　　　　天津大学建筑学院 重庆大学建筑与城规学院　哈尔滨工业大学建筑学院 西安建筑科技大学建筑学院　华南理工大学建筑学院
顾　问：	（以姓氏笔画为序） 齐　康　关肇邺　李道增　吴良镛　何镜堂　张祖刚　张锦秋 郑时龄　钟训正　彭一刚　鲍家声　戴复东
社　长：	沈元勤
主　编：	仲德崑
执行主编：	李　东
主编助理：	屠苏南

编 辑 部	
主　任：	李　东
编　辑：	陈海娇
特邀编辑：	（以姓氏笔画为序） 王　蔚　王方戟　邓智勇　史永高　冯　江　李旭佳　顾红男 郭红雨　黄　瓴　黄　勇　萧红颜　谭刚毅　魏泽松　魏皓严
装帧设计：	编辑部
平面设计：	边　琨
营销编辑：	柳　涛
版式制作：	北京嘉泰利德公司制版

编委会主任	仲德崑　秦佑国　周　畅　沈元勤
编委会委员	（以姓氏笔画为序） 丁沃沃　马清运　王　竹　王伯伟　王建国　王洪礼　毛　刚 孔宇航　吕　舟　吕品晶　朱　玲　朱小地　朱文一　仲德崑 刘　甦　刘　塨　刘克成　关瑞明　汤羽扬　孙一民　孙　澄 李子萍　李兴钢　李志民　李岳岩　李保峰　李晓峰　时　匡 吴长福　吴庆洲　吴志强　吴英凡　沈　迪　沈中伟　张　颀 张玉坤　张成龙　张兴国　张　利　张　彤　张伶伶　张珊珊 陆　伟　陈　薇　陈伯超　陈梦驹　邵韦平　周　畅　周若祁 单　军　孟建民　赵　辰　赵万民　赵红红　饶小军　秦佑国 莫天伟　桂学文　夏铸九　顾大庆　徐　雷　徐行川　徐洪澎 凌世德　唐玉恩　黄　耘　黄　薇　曹亮功　龚　恺　常　青 常志刚　崔　恺　梁　雪　梁应添　韩冬青　覃　力　曾　坚 潘国泰　魏宏杨　魏春雨
海外编委	张永和　赖德霖（美）　黄绯斐（德）　王才强（新）　何晓昕（英）

编　辑：	《中国建筑教育》编辑部
地　址：	北京海淀区三里河路9号　中国建筑工业出版社　邮编：100037
电　话：	010-58933415　010-58933813　010-58933828
传　真：	010-68319339
投稿邮箱：	2822667140@qq.com
出　版：	中国建筑工业出版社
发　行：	中国建筑工业出版社
法律顾问：	唐　玮

CHINA ARCHITECTURAL EDUCATION

Consultants:
Qi Kang　·Guan Zhaoye　Li Daozeng　Wu Liangyong　He Jingtang
Zhang Zugang　Zhang Jinqiu　Zheng Shiling　Zhong Xunzheng
Peng Yigang　Bao Jiasheng　Dai Fudong

President:　　　　　　Director:
Shen Yuanqin　　　　Zhong Dekun　Qin Youguo　Zhou Chang　Shen Yuanqin
Editor-in-Chief:　　　Editoral Staff:
Zhong Dekun　　　　Chen Haijiao
Deputy Editor-in-Chief:　Sponsor:
Li Dong　　　　　　China Architecture & Building Press

图书在版编目（CIP）数据

中国建筑教育.2014.总第8册/《中国建筑教育》编辑部编著.—北京:中国建筑工业出版社,2014.9
ISBN 978-7-112-17286-3

Ⅰ.①中… Ⅱ.①中… Ⅲ.①建筑学-教育-研究-中国 Ⅳ.①TU-4

中国版本图书馆CIP数据核字(2014)第217909号

开本：880×1230毫米 1/16　印张：8
2014年8月第一版　2014年8月第一次印刷
定价：25.00元
ISBN 978-7-112-17286-3
　　（26068）

中国建筑工业出版社出版、发行（北京西郊百万庄）
各地新华书店、建筑书店经销
北京画中画印刷有限公司印刷
本社网址：http://www.cabp.com.cn　网上书店：http://www.china-building.com.cn
本社淘宝店：http://zgjzgycbs.tmall.com　博库书城：http://www.bookuu.com
请关注《中国建筑教育》新浪官方微博：
@ 中国建筑教育_编辑部
请关注微信公众号：
《中国建筑教育》

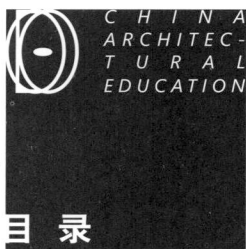

CHINA
ARCHITEC-
TURAL
EDUCATION

目 录

EDITORIAL

主编寄语

《中国建筑教育》总第 8 册，在这秋色正浓的日子里，和大家见面了。

本册特设专栏主题是"东北地区建筑院校教学改革和转型"。东北地区在中国建筑教育的版图上占据着十分重要的地位。以哈尔滨工业大学、沈阳建筑大学和吉林大学为代表的建筑院校的教师，结合自己的教学实践，深入地探讨和交流了建筑教育的整体性，建筑专业培养方案优化等各个方面的思考和研究，对于全国其他地区的同仁具有一定的参考作用。按地区组织交流活动，是近年来专业指导委员会大力提倡的方向，东北地区的院校为全国树立了一个好榜样。

本册的"建筑设计研究与教学"栏目，发表了东南大学和哈尔滨理工大学等 3 位教师的教学研究论文。我们提倡教师发表教学研究论文，我们提议把教学论文作为科研成果来对待。教师们把自己的教学研究成果总结并发表，为全国各校的教师提供参考，势必能够推动全国建筑教学的发展和提升。

"众说设计竞赛与评图"是"众议"栏目的主题。这是个很有意思的主题，来自全国各校的教师及职业建筑师对设计竞赛的组织、评审及其与教学的关系，畅所欲言，热烈讨论，各抒己见，见仁见智，必然会对建筑设计竞赛的质量和实效，产生影响。

本册还在"教学笔记"栏目中发表了关于内地和台湾地区的两篇文章，分别记录了建筑学美术教学和绿色建筑教学的内容和过程。

今年，《中国建筑教育》在专业指导委员会的领导下，组织了"清润奖'大学生论文竞赛，分本科生和研究生两个组，分别进行论文的评选和交流。这一活动的宗旨是提倡和推进建筑院校学生思考建筑的历史、现实和未来的问题，提高学生的分析和思考水平。收到的 200 多篇论文将分技术审查、专家网络评审和会议终审三个阶段进行评审，优胜者将获得适当奖励，部分获奖的优秀论文也将在《中国建筑教育》专栏发表。

感谢全国建筑院校和广大教师对于《中国建筑教育》的支持和呵护，我们会把《中国建筑教育》办得越来越好！

仲德崑
2014 年 8 月 16 日
于深圳大学

综论：建筑教育体系的整体性

张伶伶

一般而言，对于事物的整体性认识，既难以把握，又难以表述。对建筑教育体系来说，整体性的认识问题，需要经过理解、感悟、体验、熟悉和应用这样一个漫长而复杂的过程，绝非一蹴而就，其关键在于系统性的把握。

大体上来说，我们国家的早期建筑教育，一是受外来的影响较大，二是受教育者本身的知识构成所左右。在这样的背景下，早期的建筑教育难成体系，又各有不同，缺乏整体性是特定时期的产物。改革开放以后，尤其是近 30 年以来，我们国家的建筑教育可谓发展迅速，多样化的办学思想和教育观念得以在不同院校，以各自不同的方式进行尝试。然而，完全改变早期建筑教育方式的努力，最早是在 20 世纪的 90 年代初期，以国家的建筑专业教育评估为导向的建筑教育的国际化和职业化为标识。这也成了后来许多建筑院校办学的规范性蓝本，形成了办学的基本原型；而更新的探索和改变则是在 2000 年前后开始的，至今仍在不断完善之中，教育规范的出台成为阶段性标识。

各个院校参照专业评估的规范要求办学，形成相对稳定和系统的教育方式。但从另一方面来讲，却又出现了教学体系主旨不明、课程设置相似或雷同的问题。究其原因，可能更多的是对建筑教育本身的认识出现了偏差，没有将建筑教育看作一个系统或理解成为一个整体。这个整体，首先需要有明确的建筑观培养作指引，以紧密衔接的阶段性框架为基础，以层次性的教学目的和手段建构付诸实施。

1 建筑观的确立

如果说我们的早期建筑教育更像是一种工匠模式的师徒关系的话，那么今天，建筑教育的本质更应当是一种建筑观的培养。这里不是否定"师徒制"的教学模式，而在培养建筑观的过程中，这种"师徒制"仍然是一种行之有效的教学方法。

我们在这里强调的是，在现代的建筑教育体系当中，应当把建筑观的培养贯穿在体系当中（即使它可能是以隐形的方式存在），这也是强调建筑教育体系整体性的重要目的和意义。建筑观的培养、引导和形成，如同建筑师的终身教育一样，需要不断地学习、完善和形成。然而今天，我们对建筑观的培养还没有提上日程，也没有给予足够的重视。现实中我们除了认识不足，在实际的执行中既缺少这样的培养体系，更缺少这样的思想观念，也就更谈不上整体性问题了，甚至有些人并不认为建筑观的培养是建筑教育的核心问题。所谓的建筑观，它可能是一种世界观、认识观和价值观，在很大程度上决定了建筑教育对象的成长和发展。没有建筑观的建筑师，则不能称其为建筑师，充其量是工匠而已。这就是问题的关键之所在。只有以培养学生合理的建筑观为教学主旨，将其看成是建筑教育整体性的重要部分，才能有的放矢。

建筑观的培养，要通过多途径、多方式、多渠道来完成，甚至是以一种潜移默化的影响来实现。它可以是城市文化，也可以是教育氛围；它可以是大学精神，也可以是教学环境；它可以是课程设置，也可以是选择性的活动等等，诸如此类。无论怎样，我们必须认识到，今天的建筑教育已远远不同于早期的建筑教育，尽管一些基本原则和方法今天仍然行之有效，但建筑观的确立已成为建筑教育的核心内容。这不仅决定接受教育者如何学习，也决定教育者如何思考、设置和执行。建筑观的培养要贯穿在建筑教育的体系当中，这也是整体性的要求所在。至于它是用大纲还是教案，用模块还是案例来强化，这需要各自的认识。不同方式的尝试都值得鼓励。我们更多的是希望把这样一个看似虚无的东西实在化，这是建筑教育体系整体性的根本所在。

2 阶段性的衔接

对于建筑教育体系中的阶段性特征，大家较容易达成共识。从大的体系来说，无论怎么样来划分，其都是过程性的再现；从小的内容上来说，课程无论怎样去安排，其都有一个拆分、组合、成型的过程。在我们看来，阶段性的关键点和难点恰恰不在阶段性的划分上，而在于不同阶段的衔接；延伸而言，还有搭接、交叉和重叠的部分。

我们认识建筑教育体系上衔接的重要性，具有很强的整体性意义。不同的教育阶段，目标不同，方法不同，手段也有不同。正因如此，不同阶段的衔接就显得十分重要，其衔接的措施直接关系到教学效果。每个阶段的目标是清晰的，各自的体系也是完整的，然而放到整体之中，它又会出现不同的问题，这在许多的教学大纲、体系、模块和个案教学中显露无遗，产生了诸多问题。归纳起来，不同阶段的衔接不紧密或不系统，就带来了建筑教育体系设置上的缺乏整体性问题。

就具体的环节和步骤，在教育体系设置中，无论"三段式"、"四分法"还是"五步骤"，这本身并不妨碍自主性的探索与尝试，也不影响不同观念下的不同划分方式。然而，我们却应当关注不同阶段之间的衔接，这也是产生诸多问题的关键，也是建筑教育体系设置的难点所在。

正因如此，不同阶段的衔接问题更需要整体性的把握。只有在整体性的背景下，关注不同阶段的学习方式和学习目标，才会把着力点放在阶段性的衔接上。具体而言，我们不想做过多讨论，只是提醒我们在建筑教育体系设置上，重视阶段性间的衔接，这才是整体性的最好体现。

3 层次性的建构

建筑教育体系应当具有层次性，这也是整体性的一个基本性的特征。我们对建筑教育主线的确立，虽然在具体办法上各有不同，但大的方向的一致性不言而喻。很多情况下，贯穿建筑教育体系的主线是设计课程，虽然在主线前后的延展程度上有所差别，但它构成了建筑教育体系的主线。正因这样，有主线存在就会有相对应的辅线，而辅线又靠次级加载来完成，这也是由建筑教育体系的整体性所决定的。主线可以出现在不同的阶段，贯穿完整；辅线则根据主线的目标不同，出现在不同的过程或阶段；而有的时候，辅线可以在不同阶段有所重复，只是程度上的差别。当然到了个案设计时，多层次的辅线和加载会出现多元化或重复性，这些往往依靠整体性来做选择。这又涉及过程性和设计信息加载的复杂问题，我们不做展开性论述，只是提示我们要清楚这样的层次性，这样的建构不仅是必然的，也是合理的。

不同层次的设计加载，在体系当中是随着主线的要求而产生，是依附于辅线来展开，是按照个案的要求来选择的。这种层次性是对建筑观培养的具体化，是对阶段性衔接的重要补充，是建筑教育体系的基础性问题。所以，我们应当清晰地抓住主线，分清辅线的位置，找准加载的时机，共同构成建筑教育体系的完整性。这是教育工作者不能忽视的认识问题，更是一种教育观念问题。

我们讨论了建筑体系的整体性，看似这是个无形的观念，然而其意义在于认识建筑教育体系的规律，使我们不局限于微观认识，能够站在更高的层次去设置教育体系。这将有助于今后的建筑教育发展，既是责任，也是任务。

作者：张伶伶，沈阳建筑大学建筑与规划学院 院长，教授，博士生导师

立足传统 建构开放平台
促进国际交流

——哈尔滨工业大学建筑学专业培养方案优化的理论与实践探索

徐洪澎 孙澄

Tradition-based Open Platform to Promote International Communication: Theory and Practice of Optimized Training Programme for Architectural Discipline in Harbin Institute of Technology

■摘要：为适应社会快速发展对建筑教育的要求，近年来众多国内建筑专业院校先后开始对培养方案进行调整。本文是哈尔滨工业大学建筑学专业对优化培养方案过程的思路梳理和实践总结，力图在延续传统特色的基础上，进一步清晰体系架构，扩展教学内容，推进国际化进程并强化保障机制，从而构建更加开放化与国际化的建筑教育平台，期待吸纳多方建议并推动相互借鉴。

■关键词：建筑学专业 培养方案优化 传统 开放化 国际化

Abstract：In order to meet the rapid social development demands，many architectural schools began to adjust the training program in recent years．This paper reviews the process to optimize the professional training program of architectural education at Harbin Institute of Technology，and concludes the practice experiences．Based on the continuation of the traditional characteristic，a clear system is constructed，the teaching content is extended，the international communication is developed，and the safe guard mechanism is also further strengthened．Looking elsewhere for other ways of creating a more open and international education platform，various proposals and experiences are expected．

Key words：Architecture Discipline；Training Program Optimization；Tradition；Open—ended；Internationalization

　　社会的飞速发展和专业知识领域的快速更新正在推动建筑教育的加速变革。一方面，社会需求对人才的能力要求不断提升，以能力培养为主导思想的开放化教学理念已经取代靠知识灌输为主的传统教学理念，建筑教育必须创造一个有利于学生自主学习、充分发展的、开放的教学环境；另一方面，作为提高建筑教育水平的捷径，无论从教还是学的角度都可以通过国际交流有效吸收国际教育的先进营养，当前全球化渠道的通畅和办学条件的改善带来了国际化建设的最好机遇[1]。为适应这些变化，哈尔滨工业大学建筑学专业近几年一直在进行着探索。结合《普通高等学校本科专业目录（2012年）》要求和哈工大建筑教育的实际情况，经过广泛的调研分析和实践总结，我们确定了在延续传统优势的基础上，构建以开放化和国际化为新特色教育平台的培养方案优化原则，希望既能体现对超过90年办学历史的尊重，又能把握好新时期建筑教育的发展机遇和方向。

1. 体系架构——核心链条、模块化、选择性

1.1 梳理课程体系核心链条

课程体系架构规定了课程的授课时段、相互顺序和课程时长等内容。当前国内各建筑院校的课程体系架构大同小异，都是以建筑设计主干课程为核心，其他相关的技术及理论等课程配合设定，形成由浅入深的课程顺序。因此，对建筑设计主干课程链条的梳理成为培养方案优化的核心内容。在此方面，哈工大建筑学专业对原培养方案做了如下调整：首先，根据专业不断细化的发展趋势，将原来"3+2"的课程体系架构调整为前两年专业基础训练，后三年不同方向专业技能扩展训练的"2+1+1+1"架构（图1）；其次，打破原有每个设计课程都是8周共56课时的固定模式，形成设计课时长短结合的多样形式，促进不同课程在过程与成果上的差异性，提高课程的针对性和灵活性。比如，将基础阶段第一个综合性训练课程，即"建筑设计3"的课时增加到12周共88课时，而将其后针对某专项内容训练的"建筑设计4"的课时缩减为4周共28学时；在国际联合设计、开放式研究型设计、快速设计培训等课程的教学时段，设置成暂停其他课程的集中教学形式；在四年级的"建筑设计8"中，将城市设计、高层建筑设计打包在一个大设计课程中，以相同的设计环境条件、不同时段的设计要求贯穿整个学期，促使教学效率在理论上提高了近三分之一。

1.2 融入"模块化"课程模式

目前，国外建筑院校多采用"模块化"的课程体系模式，即整个课程体系由几个递进或平行的课程模块组成，每一模块有明确的教学目标，并且课程表常年固定，降低管理成本，除此之外的教学内容、授课形式和评价方式等全部由主讲教师决定，在每年都进行调整深化[2]。每一课程模块的授课教师可以是多专业和多单位的，授课形式是综合而多变的，评价方式是多样而灵活的。这一体系具有简单、高效，且内容和形式灵活等特点，由于对主讲教师团队及教学资源等要求较高，至少在一段时期内将其全盘引入是不适合我国的教育国情的。但是"模块化"课程模式的一些内容仍然可以为我们所借鉴。新的培养方案试图减少对教学内容、教学形式等的规定，适当减少技术和理论课程学时，并且增加主讲教师对课程管理的权限，

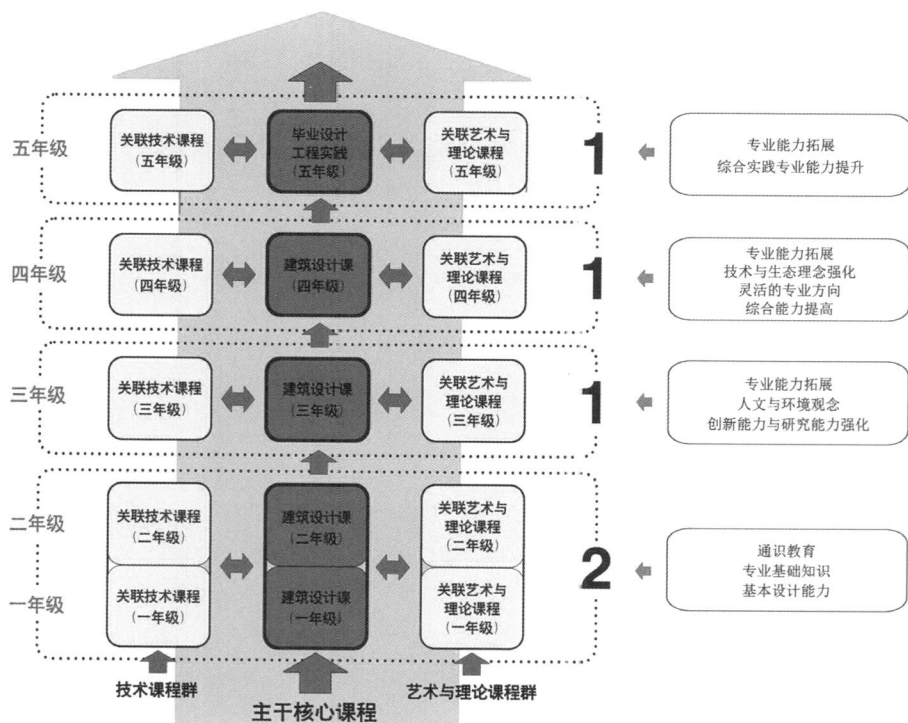

图1 哈尔滨工业大学建筑学专业教学体系结构框图

以此促进设计课程与模块化课程模式的结合。"建筑设计5"以住宅设计为题目，教学团队尝试将与住宅相关的技术和理论问题结合设计过程来教授，由主讲老师邀请理论课程和技术课程的老师或建筑师，在需要的教学阶段进行讲授、辅导和答疑，取得良好效果。

1.3 增加"可选择性"教学机制

根据专业细分的发展趋势，在新培养方案中我们制定的总体人才培养目标是培养具备一定专业特长的卓越专业人才，强调了培养学生结合个人特点形成某一方向或多方向突出的专业能力，如建筑设计创作能力、建筑技术掌握能力和建筑理论研究能力等，为今后在这一专业领域成长为卓越人才奠定坚实基础。实现这一目标的具体做法是在高年级提供更多的"选择"模式课程平台，学生可以根据自己的专业兴趣和职业规划有所选择。"选择"模式课程平台不但包括大量的专业选修课，而且包含了多个主干设计课程中的双向选择的差异题目设计小组模式。例如自2011年开始实行的开放设计课程，由教师申报题目，结合学生自主选择形成设计课程小组。不同设计组的题目要求大不相同，有的强调创意逻辑，有的结合技术试验，有的结合理论研究，还有的结合参数化设计……。教学形式也多种多样，在为期4周的集中教学时段内，有的小组深入现场，有的小组和结构专业师生合作，有的小组赴台湾交流，有的小组到香港与当地学校组成联合工作坊（图2）。这一课程深受学生欢迎，作业成果相对以往达到了更好的深度（图3）。

2.教学内容——传统、前沿

2.1 强化传统核心优势

建筑教育无论怎样发展和变革，历史积淀的优势内容永远都是发展基石。哈工大建筑专业在创建期"学院派"的属性奠定了注重专业基本功训练的传统教学特色，并在建筑技术含量较高的体育馆、影剧院、高层建筑等设计实践与教学领域占据全国较高位置。此外，依托地域条件与资源，经过几十年的积淀，寒地建筑创作及其理论已经成为哈工大的特色和优势的专业方向[3]。这些优势和特色不但要继承，还要明确重点，大胆汤弃。在建筑基础教学中教学组通过多年不断改革，适时增减了教学内容[2]，确立了在从认识建筑到分析建筑的教学线索中全面对学生进行建筑基础训练的课程结构（图4）；在技术教学中明确了大空间建筑技术、节能建筑技术和计算机模拟技术三方面的重点教学内容，并主要通过高年级课程来实现。两门综合技术设计课程都进行了学时的扩展，由56学时增加到80学时，保证了技术部分教学内容的实施效果。在寒地建筑创作教学领域明晰了坚持建筑空间、形态和技术全方位知识覆盖的教学原则，并通过相关选修课程以及多个设计课程题目的偏重，使学生得到寒地建筑设计的系统训练。

2.2 扩展前沿知识视野

新的培养方案在高年级以提高综合专业能力为主要教学目标。接触知识前沿和扩大专业视野是实现这一目标的关键环节[4]。为此，对课程内容的深化和更新是最主要的措施。一方面，力争在传统课程中融入新时期的热点内容，比如建筑设计6是以自然环境群体空间设计为题，在教学中鼓励学生采取多种途径实现建筑与环境的和谐关系，包括当前最新的参数化设计、地景建筑等设计方法，通过讲授、推荐资料，以及邀请相关外教讲座等让学生真正的掌握相关知识点，而不是仅仅学到这些新知识的皮毛。另一方面，尝试设立新的课程设计

深入历史街区调研

与结构专业师生共同讨论结构模型

在台湾进行方案讨论

在香港听老师讲建筑的产生、成长和改变

图2 开放设计之不同小组的学习过程

题目，让学生涉猎更新、更广的知识领域，比如以钢结构建构的河边住宅设计，以住宅建筑演变为设计线索的开放住宅设计，以生态环境改善为目标的未来社区等。这些课程内容并非一成不变，而是每年更新的，从而保证设计课程的前沿性。通过增加前沿知识课程内容的调整也强化了优秀特色课程的建设，近三年，大量课程在全国大学生优秀教案评比中获奖也是得益于此（图5）。

3. 国际化建设——多样化、重点课程

3.1 尝试多样形式

尽管哈工大建筑学专业在创建之初就具有国际化的特色，但是由于后期政治、经济与地域等不利因素影响，在很长一段时间内教学环境相对封闭[5]。如今，在全球化的背景下，学院大力发展国际化建设：据不完全统计，2010～2012年的三年中，组织召开国际会议25次、讲座145场，与12个国家的40余所学校举办了联合设计工作坊，来访外国学者和学生500多人次。截至目前，已经与美国的麻省理工学院、伯克利大学，英国的谢菲尔德大学，荷兰的代尔夫特理工大学，意大利的都灵理工大学，俄罗斯的莫斯科大学，韩国的汉阳大学，以及我国台湾与香港等地高校共13所大学签署了合作协议，与其中多所学校互相承认学分，开始了学生互派学习程序。国际化建设让师生普遍感到收获颇丰：首先，国外灵活的教学题目、独特的教学方法、前沿的教学内容，尤其在建筑理论方面的教学与研究，让我们看到了巨大的差距；其次，近距离的接触增加了对国外文化的了解，增进了友谊，建立了长久的交流渠道，学生在交流中也积累了信心，每年超过1/3的毕业生出国深造也得益于此。

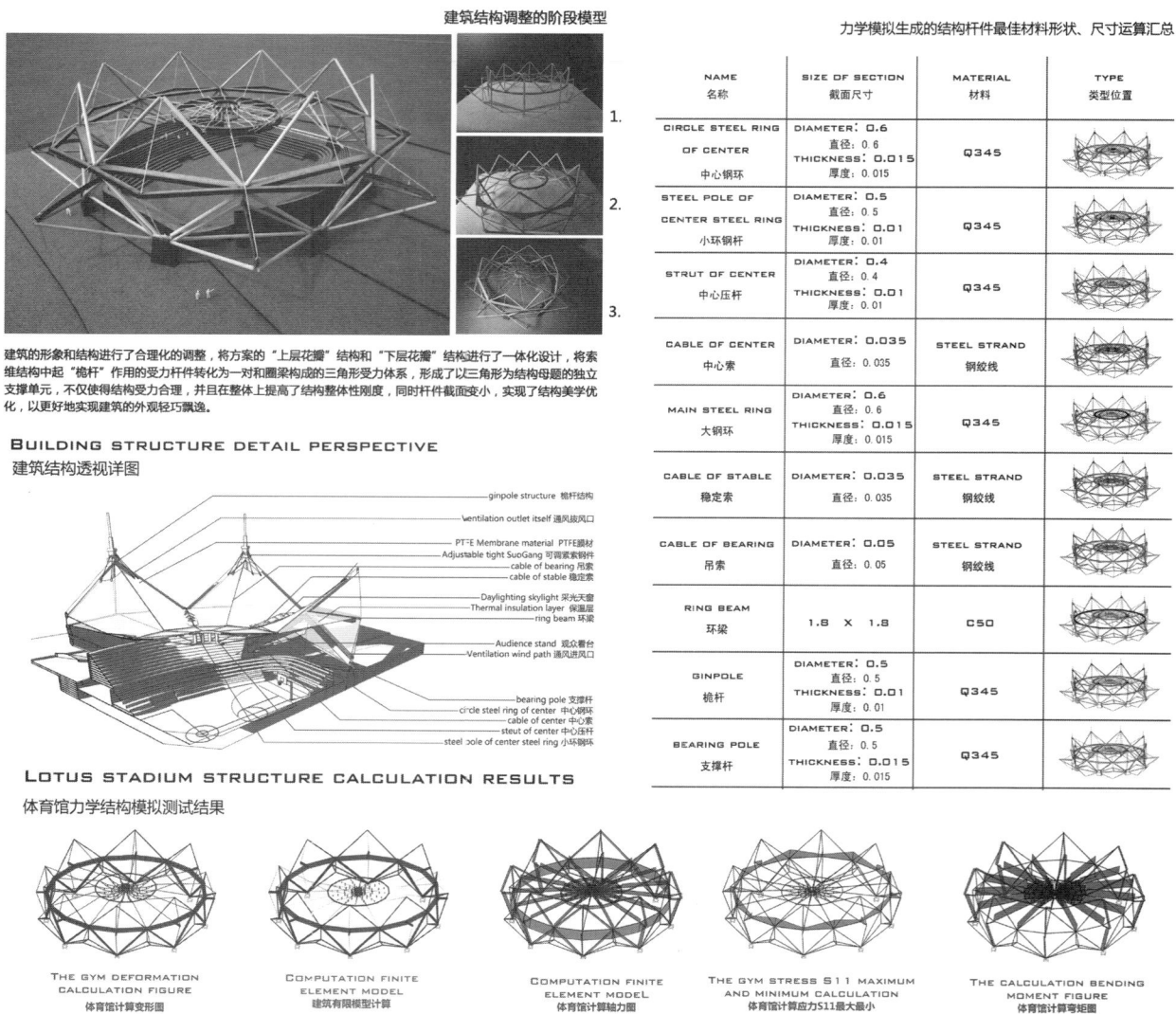

建筑结构调整的阶段模型

建筑的形象和结构进行了合理化的调整，将方案的"上层花瓣"结构和"下层花瓣"结构进行了一体化设计，将索维结构中起"桅杆"作用的受力杆件转化为一对和圈梁构成的三角形受力体系，形成了以三角形为结构母题的独立支撑单元，不仅使得结构受力合理，而且在整体上提高了结构整体性刚度，同时杆件截面变小，实现了结构美学优化，以更好地实现建筑的外观轻巧飘逸。

BUILDING STRUCTURE DETAIL PERSPECTIVE
建筑结构透视详图

LOTUS STADIUM STRUCTURE CALCULATION RESULTS
体育馆力学结构模拟测试结果

力学模拟生成的结构杆件最佳材料形状、尺寸运算汇总

NAME 名称	SIZE OF SECTION 截面尺寸	MATERIAL 材料	TYPE 类型位置
CIRCLE STEEL RING OF CENTER 中心钢环	DIAMETER：0.6 直径：0.6 THICKNESS：0.015 厚度：0.015	Q345	
STEEL POLE OF CENTER STEEL RING 小环钢杆	DIAMETER：0.5 直径：0.5 THICKNESS：0.01 厚度：0.01	Q345	
STRUT OF CENTER 中心压杆	DIAMETER：0.4 直径：0.4 THICKNESS：0.01 厚度：0.01	Q345	
CABLE OF CENTER 中心索	DIAMETER：0.035 直径：0.035	STEEL STRAND 钢绞线	
MAIN STEEL RING 大钢环	DIAMETER：0.6 直径：0.6 THICKNESS：0.015 厚度：0.015	Q345	
CABLE OF STABLE 稳定索	DIAMETER：0.035 直径：0.035	STEEL STRAND 钢绞线	
CABLE OF BEARING 吊索	DIAMETER：0.05 直径：0.05	STEEL STRAND 钢绞线	
RING BEAM 环梁	1.8 X 1.8	C50	
GINPOLE 桅杆	DIAMETER：0.5 直径：0.5 THICKNESS：0.01 厚度：0.01	Q345	
BEARING POLE 支撑杆	DIAMETER：0.5 直径：0.5 THICKNESS：0.015 厚度：0.015	Q345	

| THE GYM DEFORMATION CALCULATION FIGURE 体育馆计算变形图 | COMPUTATION FINITE ELEMENT MODEL 建筑有限模型计算 | COMPUTATION FINITE ELEMENT MODEL 体育馆计算轴力图 | THE GYM STRESS S11 MAXIMUM AND MINIMUM CALCULATION 体育馆计算应力S11最大最小 | THE CALCULATION BENDING MOMENT FIGURE 体育馆计算弯矩图 |

大跨度建筑与结构综合创新设计

图3 开放设计之不同小组的设计成果（一）

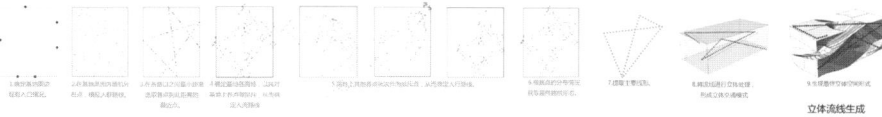

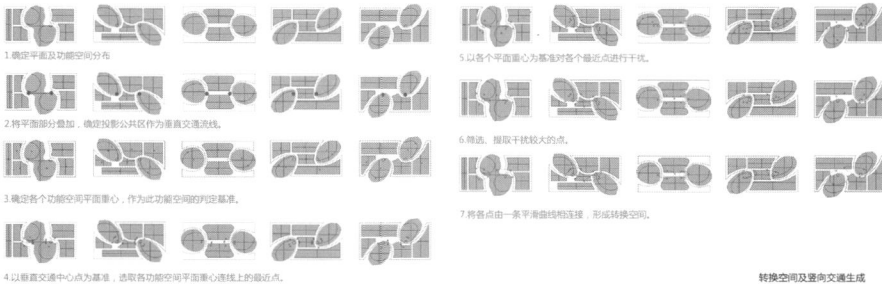

(a) 基于环境影响的参数化设计

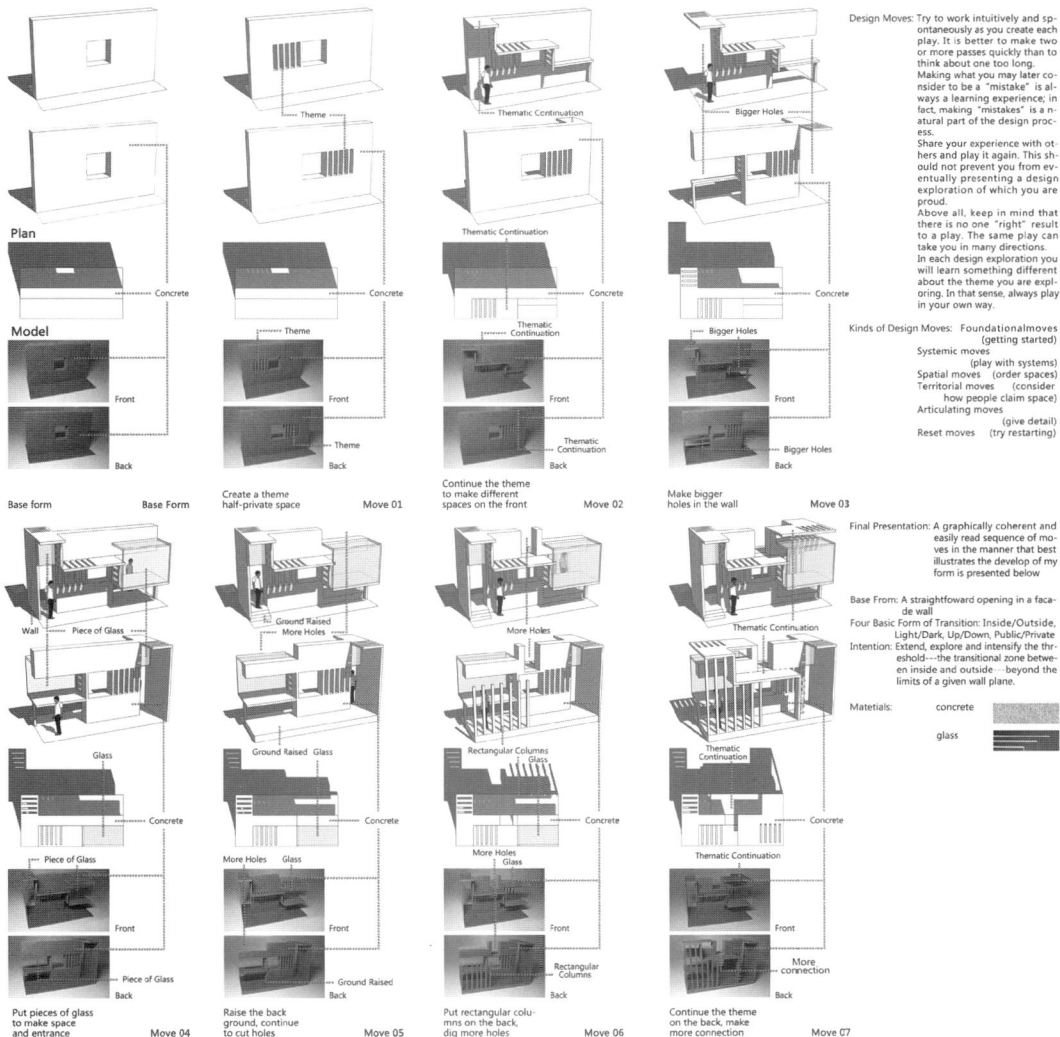

Design Moves: Try to work intuitively and spontaneously as you create each play. It is better to make two or more passes quickly than to think about one too long.

Making what you may later consider to be a "mistake" is always a learning experience; in fact, making "mistakes" is a natural part of the design process.

Share your experience with others and play it again. This should not prevent you from eventually presenting a design exploration of which you are proud.

Above all, keep in mind that there is no one "right" result to a play. The same play can take you in many directions.

In each design exploration you will learn something different about the theme you are exploring. In that sense, always play in your own way.

Kinds of Design Moves: Foundational moves (getting started)
Systemic moves (play with systems)
Spatial moves (order spaces)
Territorial moves (consider how people claim space)
Articulating moves (give detail)
Reset moves (try restarting)

Final Presentation: A graphically coherent and easily read sequence of moves in the manner that best illustrates the develop of my form is presented below

Base From: A straightfoward opening in a facade wall
Four Basic Form of Transition: Inside/Outside, Light/Dark, Up/Down, Public/Private
Intention: Extend, explore and intensify the threshold---the transitional zone between inside and outside---beyond the limits of a given wall plane.

Matetials: concrete

glass

(b) 研究建筑产生、成长、改变的设计游戏

图 3 开放设计之不同小组的设计成果（二）

11

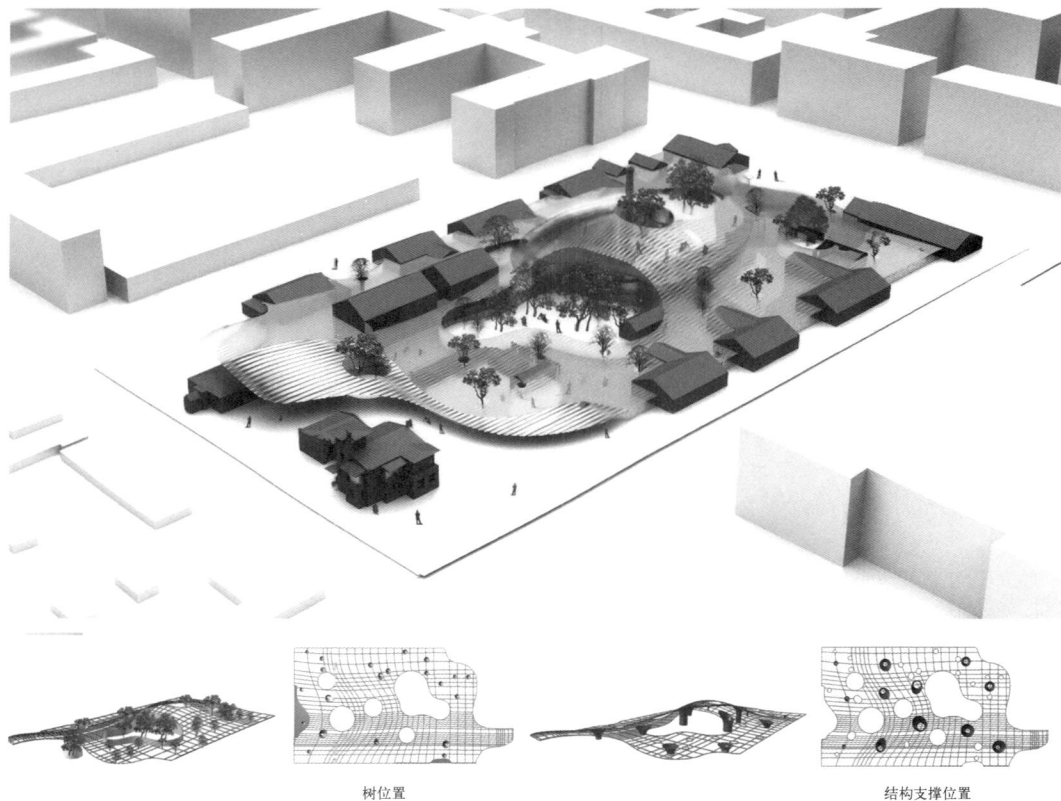

树位置   结构支撑位置

历史街区保护与复兴

图 3 开放设计之不同小组的设计成果（三）

建筑设计基础（一）教学日历简表（建筑设计第一教研室，2012 年秋季学期）

情境化要素	阶段	时间	训练	课程主线 建筑设计基础	辅助线 1（理论）		辅助线 2（技术） 数字技术 （软件技术）	辅助线 3（表达）	
					分析 研究 （案例）	研究 （前置理论）		表达 （图纸）	表现 （手绘）
中央大街 深入调研	初识建筑	第 4 周（W）	感知训练	非一般的 建筑设计课 调研、摄影 走访、询问	调研 案例	形式美法则 空间概念 外部空间设计 街道的美学	Google Earth/Map Photoshop 初步 PowerPoint 音频编辑 视频编辑 手绘地图/速写记录	认知 工具	认知 工具
		第 4 周（S）							
		第 5 周（W）							
		第 5 周（S）							
		第 7 周（W）							
		第 7 周（S）							
		总结性讲解		课程作业：调研报告					
街道的故事-1 老街空间	分析建筑	第 8 周（W）	分项训练 1	空间之形 （界面之限）	空间 案例	建筑空间组合论；图 解思考：建筑形式空 间与秩序；建筑设计 基础	Photoshop 初步 Indesign 初步	正视图 俯视图	线条 字体 练习
		第 8 周（S）							
		第 9 周（W）							
		第 9 周（S）							
		总结性讲解		小作业 1——A3 图纸若干 模型若干 钢笔表现一张					
街道的故事-2 老街业态		第 10 周（W）		功能之用	功能 案例	建筑设计基础： 建筑空间组合论； 图解思考	Word /Excel Photoshop 初步	平面图	作品 临摹
		第 10 周（S）							
		第 11 周（W）							
		第 11 周（S）							
		总结性讲解		小作业 2——A3 图纸若干 模型若干 钢笔表现一张					
街道的故事-2 老街新景		第 12 周（W）		结构之法	结构 案例	建筑设计基础： 结构构思论； 建筑生与灭	SketchUp 初步 Photoshop 初步	平面图 剖面图	作品 临摹
		第 12 周（S）							
		第 13 周（W）							
		第 14 周（W）							
		总结性讲解		小作业 3——A3 图纸若干 模型若干 钢笔表现一张					
街道的故事-2 老街肌理		第 14 周（S）		材料之择 （空间肌理）	材料 案例	建筑设计基础	SketchUp 初步 Photoshop 初步	平面图 立面图 剖面图	照片 写生
		第 15 周（W）							
		第 15 周（S）							
		总结性讲解		小作业 4——A3 图纸若干 模型若干 钢笔表现一张					
街道的故事-2 老街魅力		第 16 周（W）		光影之术	光影 案例	建筑设计基础	SketchUp 初步 Ecotect 初识	透视图	照片 写生
		第 16 周（S）							
		第 17 周（W）							
		第 17 周（S）							
		总结性讲解		小作业 5——A3 图纸若干 模型若干 钢笔表现一张					
属于自己的 街道的故事		第 18 周（W）	综合训练	学期作业 综合本学期训练成果，讲述一个属于你自己的街道的故事。 作业形式：利用多种媒体完成最终成果表达，（如：平面+模型+视频+展板）					
		第 18 周（S）							
		第 19 周（W）							
		第 19 周（S）							
		第 20 周（W）							
		第 20 周（S）							

图 4 建筑基础课程结构体系

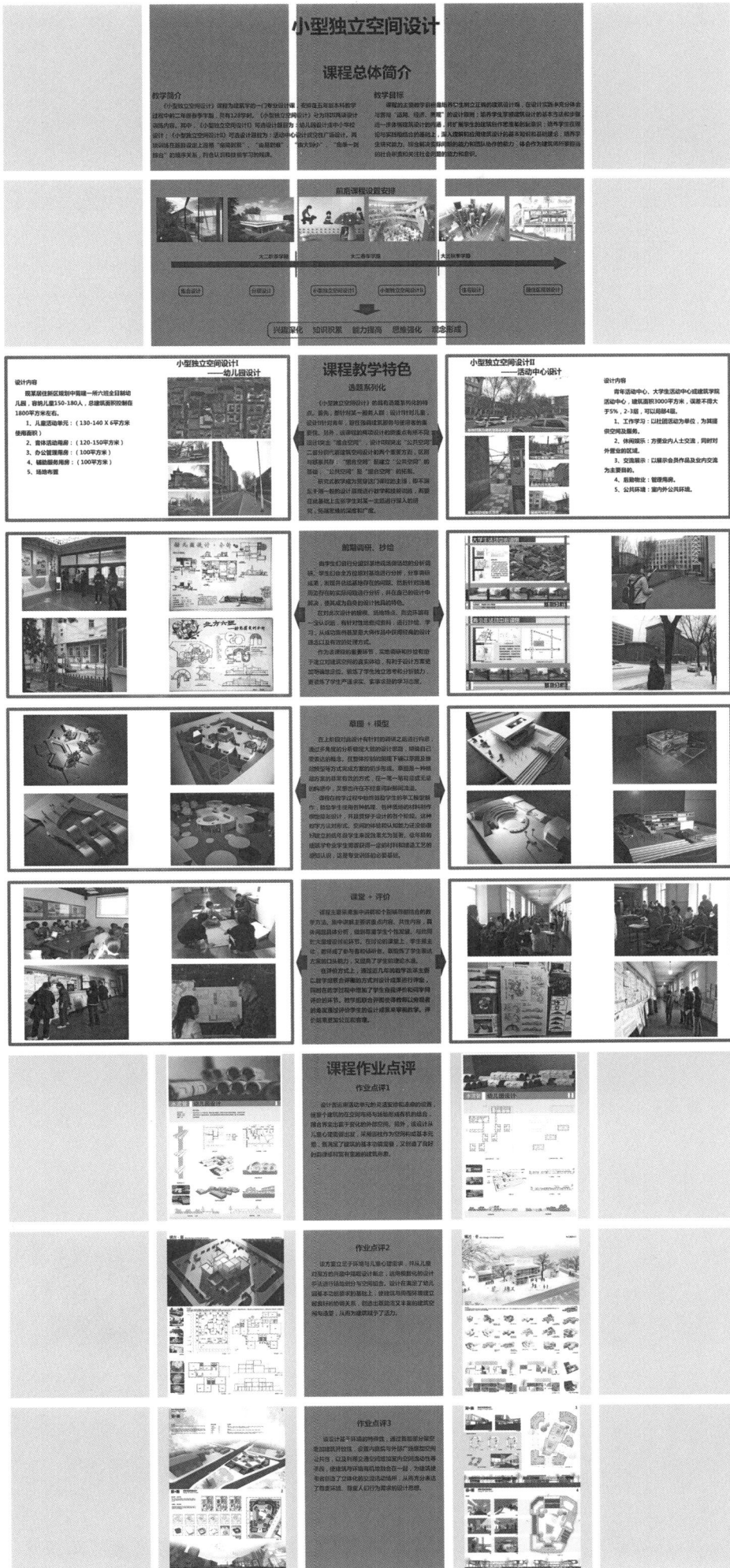

图 5　获得 2012 年全国高等学校建筑设计优秀教案和教学成果奖的 3 门课程教案（一）

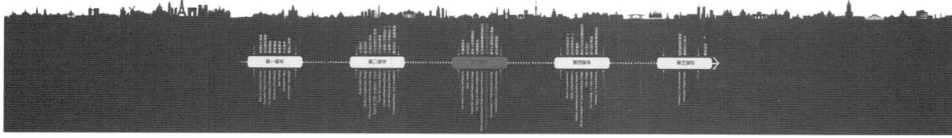

图 5　获得 2012 年全国高等学校建筑设计优秀教案和教学成果奖的 3 门课程教案（二）

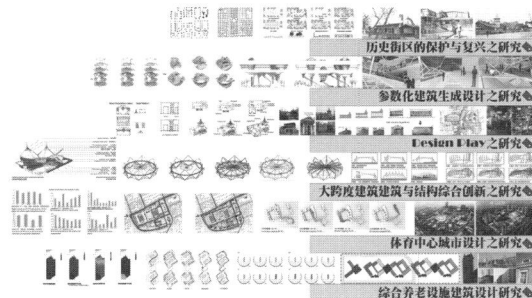

图 5　获得 2012 年全国高等学校建筑设计优秀教案和教学成果奖的 3 门课程教案（三）

3.2 重点课程建设

哈工大发展教学国际化重点建设的课程有两门，一门课程是四年级时段的"国际联合设计"，已经连续尝试了5年，今后的课程将安排在暑假小学期利用3周的时间引入更深入的课程内容。课程分若干个设计小组，每个设计小组都是由聘请的外教和中国助教联合指导（图6），题目、教学环节由外教拟定。尽管设计周期只有1～2星期的集中时间，但是前几年的教学过程和成果都很理想，学生作业多次获得全国大学生优秀作业奖励。另一门课程也是四年级时段的开放式研究型建筑设计。这门课程利用集中的3～4周时间，同样采用双向选择机制，分成若干设计小组，其中一多半小组走出国门与国际知名院校进行联合设计让学生更全面地了解国外的建筑教育环境和学习理念。尽管选择出国小组学习的学生会付出一些经济代价，但是完成课程后都感到收获更多。这一课程也在去年第一次尝试时就获得了全国优秀教案和优秀学生作业的成绩。如今这一课程已经与香港中文大学、台湾交通大学、英国AA建筑学院、台湾文化大学等大学建立了长久的课程合作关系。通过这两门课程，在5年的学业中，有一半的同学能够获得到大陆以外地区进行教学交流的机会，每名学生至少有一次参与国际联合设计课程的经历。

4. 保障机制——两院一体化、环境

4.1 完善"两院一体化"机制

哈尔滨工业大学在国内率先提出了建立"两院一体化"教学平台的理念，通过几年的实践探索受益匪浅。哈工大建筑学院和建筑设计研究院是哈工大下属的两家平级独立单位。"两院一体化"是建立在建筑学院与建筑设计研究院的院长由一人担任，一改曾经两个同级机构平行发展的状态，方便两院人力和物力资源共享，取长补短，为双方协同发展提供了有效保障，已经成为哈工大建筑教育和学科发展的重要基础。主要表现在以下几个方面：

（1）设计院为建筑学院培养方案的有效实施提供了巨大的资金支持，据不完全统计，"两院一体化"的前3年，每年设计院为学院提供资助超过300万元；

（2）设计院为建筑设计课堂派遣有经验的建筑师就设计实践性的问题给予直接的指导，已经覆盖多门设计课程；

（3）设计院为学生实习提供了全面的支持，如在五年级的业务实践中提供专门的空间、设备以及总工程师级别的指导教师，保障了有组织"进阶式"业务实践教学的实现效果；

（4）"两院一体化"强化了研究所机构的产、学、研一体化机制，建立了由两院共同管理的研究所，成员由教师、研究生、本科生、专业建筑师共同组成，以实际项目和科研课题为依托，实现了良好的运转模式（图7）。

图6 国际联合设计各小组教学过程与部分成果

图7　各个研究所教学过程

4.2　改善教学空间环境

符合教育理念的硬件环境也是培养方案顺利实施的重要保障环节。哈尔滨工业大学建筑馆总面积近 40000m^2，是一座具有 50 多年历史的折中主义建筑。随着近年来教学理念和教学形式的不断实施，原有封闭感较强的空间已经难以满足现在的开放化与国际化的教学理念。为此，近 3 年哈工大建筑学院全面地对建筑馆进行了改造，为师生创造了更多的交流空间（图8）。由于老建筑为砖混结构，墙体不能改动，因此环境建设的重点放到了空间功能的调整和公共空间改造方面：

（1）将建筑系办和教研室以往的小空间调整为更开放的大空间，系办设立餐饮角，吸引了教师们聚集、交流；

（2）设置了专门的教学讨论教室和国际联合设计教室；

（3）充分利用老建筑宽走廊的空间特点，通过桌椅、展板、展墙和灯光的设置，创造出专业性强烈的空间氛围，成了师生们非常喜欢的开放性复合空间；

（4）在 4 楼中厅空间设置以小卖、咖啡、休息等功能的土木楼沙龙，浓重的氛围、合理的布置、舒适的空间吸引了大量师生在此休息交流；

（5）将 5 楼中厅空间改造为展厅；

（6）整修并开放了体育馆和礼堂，体育馆成为学生锻炼和各学生社团活动的理想场所，而礼堂 2 层作为自习空间开放后，立刻成为颇有人气的学习场所。

5.结语

哈尔滨工业大学建筑专业历史悠久、积淀深厚，生源和师资优秀，教学特色鲜明，虽然其地域偏远，但是这里的师生对教学的态度踏实、专注，这为教学方案优化奠定了重要基

图8　建筑学院改造后的公共开放空间

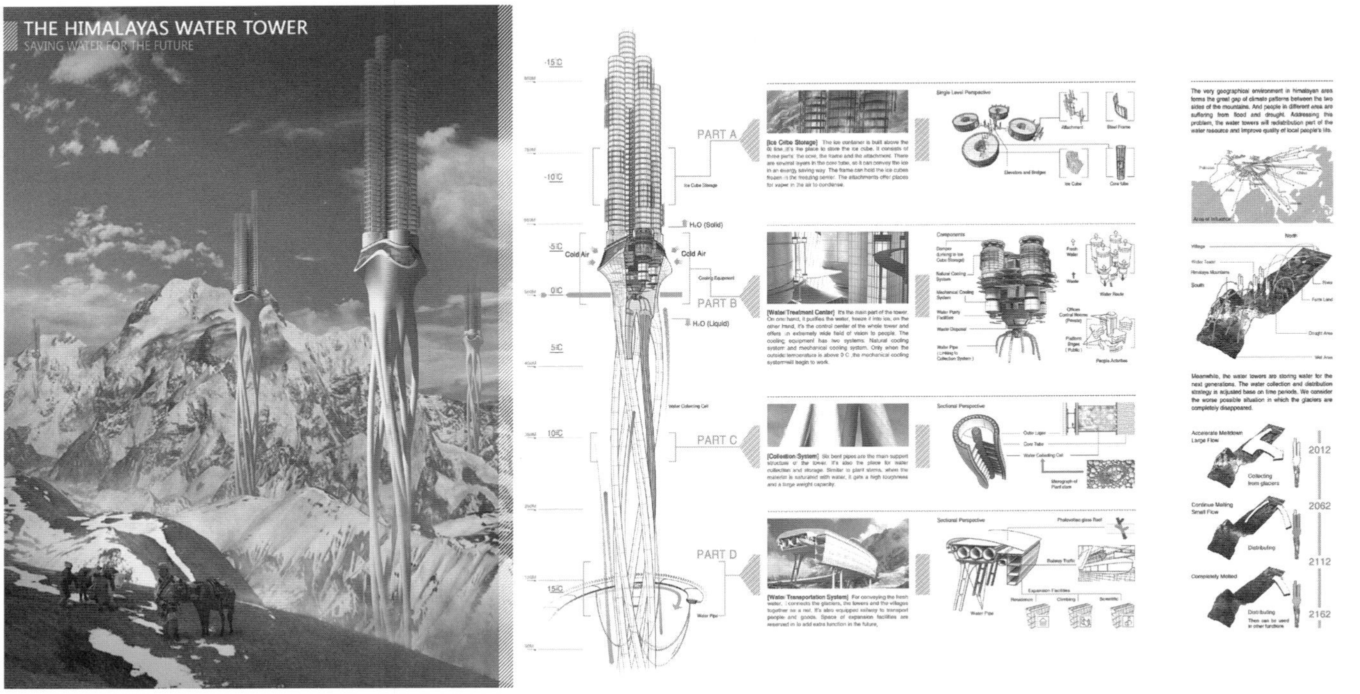

图9 2012 年 "EVOLO 美国摩天楼设计竞赛" 一等奖作品

础。经过近几年的深化建设，以延续传统、突出开放化和国际化特色的培养方案极大促进了教学效果的提升，涌现了一批教学成果。比如连续两年获得黑龙江省教学成果一等奖，在 2012 年 "EVOLO 美国摩天楼设计竞赛" 获得了世界唯一的一等奖（图9），在 Autodesk Revit 杯全国大学生可持续建筑设计竞赛中连续三年取得全国最好成绩等，取得诸多国内、国际竞赛佳绩。本文总结了在新培养方案制定过程中的实践经验和核心理念，希望梳理思路、深化总结，也借此机会征求同行意见，以便进一步完善。

（基金项目：黑龙江省教育科学 "十二五" 规划 2012 年度重点课题：基于新时期人才培养的建筑学专业本科高年级教学体系优化研究与实践，项目号：GB31212029）

注释：

[1] 朱文一．当代中国建筑教育考察 [J]．建筑学报．2010，(10)：1—4

[2] 仲德崑，屠苏南．新时期新发展——中国建筑教育的再思考 [J]．建筑学报．2005，(12)：20—23

[3] 梅洪元，孙澄．引智聚力特色办学——哈尔滨工业大学建筑教育新思维 [J]．城市建筑．2011，(3)：27—29

[4] 常青．建筑学教育体系改革的尝试——以同济建筑系教改为例 [J]．建筑学报．2010，(10)：4—9

[5] 吴健梅，徐洪澎，张伶伶．中德建筑教育开放模式比较 [J]．建筑学报．2008，(07)：85—87

作者：徐洪澎，哈尔滨工业大学建筑学院　副教授，硕导，建筑系主任；孙澄，哈尔滨工业大学建筑学院　教授，博导，副院长

面向开放的建筑设计基础教学改革探索

殷青　于戈　周立军

Study on Flexible and Open Basic Design Teaching of Architecture

■摘要：本文通过对 2013 年全国高等学校建筑设计基础获奖教案的探讨，针对当前建筑教育在注重开放式教学的同时强调立足于本土化、特色化的趋势，提出面向开放的建筑设计基础课教学改革，并从情境体验、单元模块、开放化、多维度教学等几方面进行了深入阐释。
■关键词：建筑设计基础　情境化　地域特色　单元模块　开放教学
Abstract：Through the discussion of 2013 national university award—winning architectural basal teaching plan，in view of the trend of openness and localization of architectural education，this paper proposes architectural basal teaching need face openness，which is followed by detailed description in contextualization，unit module，open—ended teaching，and expanding ways of teaching．
Key words：Architectural Basal Education；Contextualization；Regional Character；Unit Module；Openness

传统的建筑设计基础课对教学目标的设置与教学内容、教学方法等严重脱节，禁锢了学生的主动性与创造性的发挥，僵化封闭的教学体系与模式已经无法适应信息化社会发展的需求。因此经过近几年与国内外兄弟院校的交流与联合教学，在吸取其他院校成功经验的基础上，我们逐步建立起以灵活开放为特色的教学体系和模式，取得了同学们的普遍认同和好评，并在 2013 年全国高等学校建筑设计教案评选中被评为优秀教案。

1.启迪与借鉴

近几年，哈工大建筑学院邀请了英国谢菲尔德大学、美国麻省理工学院、意大利都灵理工大学、香港中文大学、台湾成功大学等多所国内、外知名院校的教师来我院进行联合教学与学术交流。其中，谢菲尔德大学、香港中文大学的教授针对一年级本科生进行了短期教学与学术交流，对我院的建筑设计基础教学的观念和教改思路带来了很多有意义的启示。

2011 年秋季学期初，英国谢菲尔德大学多名教师受邀来哈尔滨工业大学建筑学院为一年级本科新生进行为期一周的 workshop 教学。其教学目的是对建筑的基本概念进行启蒙，教学题目是"记忆拼贴"，即以儿时印象最深的记忆为表达主题，学生自己动手裁剪杂志、报刊的图片并进行粘贴，要求表达一种空间场景（图1）。教学中鼓励学生之间的交流与讨论，教师以引导为主，通过对不同真实空间案例的分析，帮助学生逐步建立起空间的概念，并鼓励创新形式的表达。学生对这个作业非常感兴趣，发现建筑设计原来并不只是枯燥的画图，而是可以在类似于游戏的过程中对空间的概念有所体会，既能够充分发挥想象力，又锻炼了表达能力与动手能力，得到了很好的教学效果。

2012 年 12 月香港中文大学顾大庆老师应邀来到我院，结合一年级当时正在做的单项训练"光影之术"，进行了为期一周的短期教学（图2）。教学中强调在方案构思与调整过程中发现和解决问题。方案指导评价不以绝对的好坏来区分，而是激发学生的创作思维，鼓励学生去寻找每个方案的独特性以及未来发展的潜力；同时强调动手能力，如快速制作草模、画草图等。

"他山之石，可以攻玉。"结合同国内外同行交流与学习的心得和体会，我们在建筑设计基础课程的题目设置与内容安排、教学方式与教学手段等进行了多方面的探索。

2. 教学改革的内容与方法

2.1 以地域文化为依托的情境式教学

情境教学是指在教学过程中，教师有目的地引入或创设生动、具体的场景，从而在特定的情境下创造一个有利于学生自主学习的教学环境。通过教学情境的创设，激发学生探索、发现、想象和表现的欲望，使学生的认知过程和情感体验过程得到有机结合，让学生在轻松、愉快的气氛中学习。

一年级上学期以"建筑的空间与设计"为主题，具体内容设定为：以哈尔滨市最具建筑地域文化特色的中央大街街道与建筑群为整个课程的载体和主线，在对情境的体验中，对建筑要素进行分析（图3）。课程以一个真实的、具体的建筑与城市环境为依托，让学生通过对最能体现城市的地域建筑文化特色的哈尔滨市中央大街的深入调研，主动进入学习情境，先感受后表达，最后进行创造，从而由浅入深地掌握相关知识并提高自己的认知能力。

在对中央大街的街道空间的实地调研过程中，强调调研方式的多样化和小组协作的互助方式。通过资料搜集、观察、实地走访、测绘、问卷调查、小组研讨等方式，对历史街区所处的地理位置、气候条件、风土人情以及历史文化传承与发展方面进行多角度的思考和体验，进一步了解该区域的社会、历史状况和建筑使用情况，从而激发起学生对复杂的城市与建筑现象的认知兴趣。

此外，在教学过程中，组织学生对哈工大教学楼、哈工大江北教授别墅的单元空间进行实地调研分析，并具体针对每个环节进行强化训练，使学生在体验地域建筑文化特色的同时，循序渐进地了解与掌握建筑设计的基础知识，为下一阶段的综合训练打下良好的基础。

2.2 单元模块教学法

在教学内容设置上，采用单元模块式教学方式，以一个单元为一个整体，引导学生从整体入手，整体把握单元模块各个知识点，紧扣训练目标，把相关知识联为一体。一年级上学

图 1　2011 年谢菲尔德大学教师教学现场

图 2　2012 年顾大庆老师教学现场

图 3　教师带领学生在中央大街现场调研

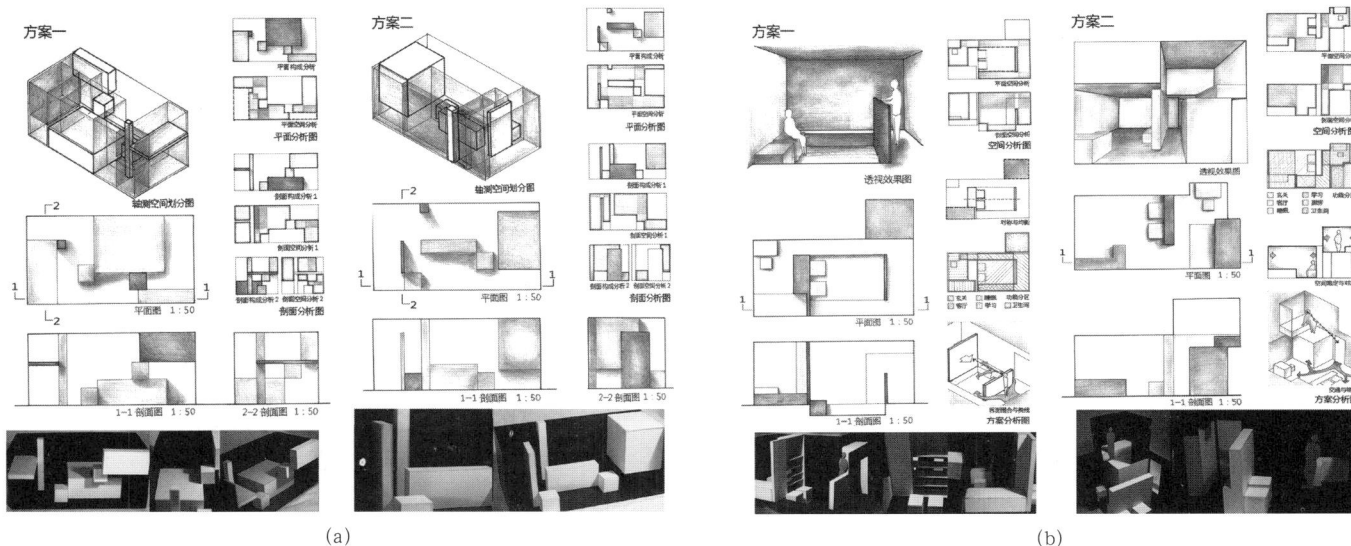

方案一　　　　　　　　　　　　　　　方案二　　　　　　　　方案一　　　　　　　　　　　　　方案二

(a)　　　　　　　　　　　　　　　　　　　　　　　(b)

图4 "空间之形"与"功能之用"模块

期设置了"空间之美"、"空间之形"、"功能之用"、"界面之限"、"光影之术"、"单元空间竖向组合"等单元模块（图4，图5，图6），强调对空间认知、体验与对空间建构基本知识的掌握（图7）。一年级下学期则以拓展创作思维、培养综合能力和创新能力的综合训练为主，设置"场地分析"、"环境之道"、"建构之维"等单元模块，注重对真实场地和环境的开放式的调研，每个同学根据自己的兴趣创设问题，并重点解决，强调学习过程中的研究性。

每个单元模块的教学目的保持相对稳定，具体教学通过单元分项训练来完成。单元训练具体内容每年都会根据实际情况进行调整和变化，使整个教学体系在保证稳定性基础上，又获得了相对的灵活性与开放性。以"场地分析"单元为例，每年根据城市发展、周边环境更新等变化，以及新的场地分析理论与方法的出现，对具体的设计地段、设计任务进行调整，从而改变过去僵化的固定内容与模式，取得了相对的灵活性与开放性。

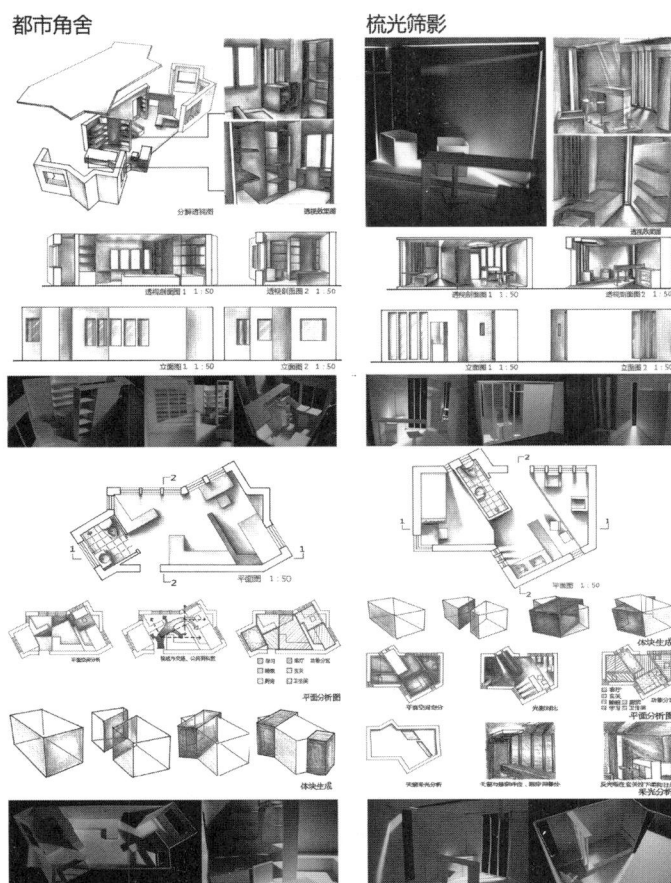

都市角舍　　　　　　　　梳光筛影

图5 "界面之限"与"光影之术"模块

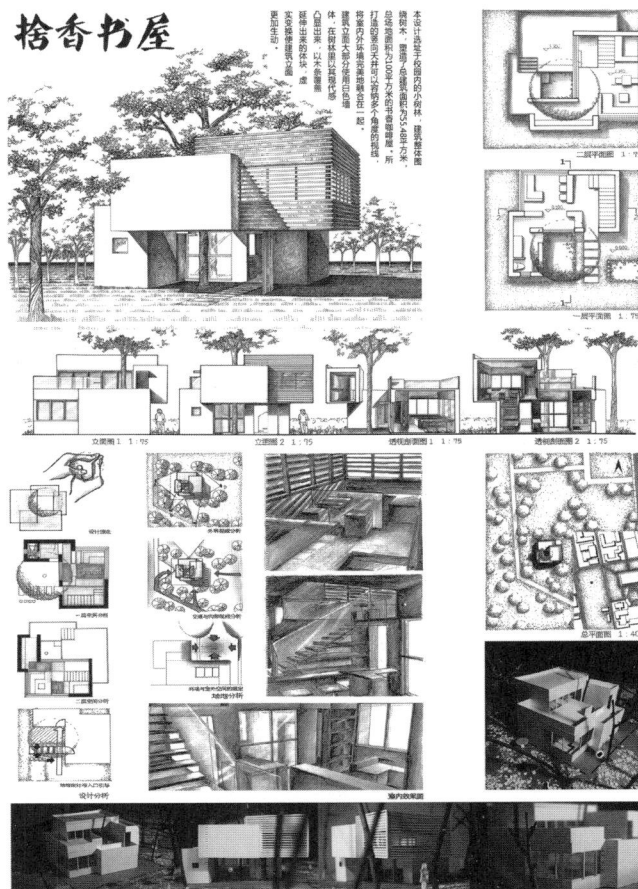

捨香书屋

图6 "单元空间竖向组合"模块

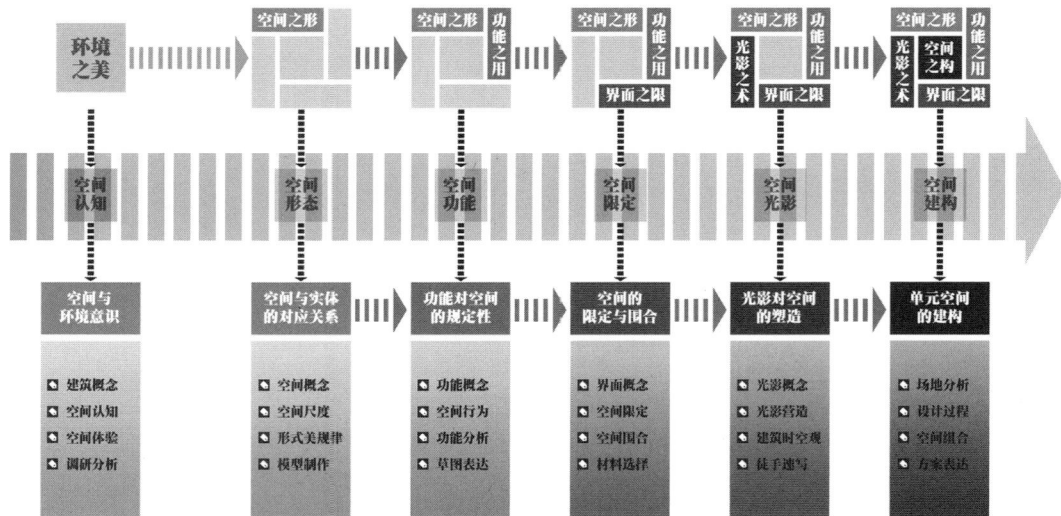

图7　建筑设计基础之"建筑的空间与设计"单元模块

2.3 体验方式的开放性

教学采用实地测绘、调研、多媒体数字技术等多途径开放性体验方式，并通过观察、问卷调查、资料搜集等方法了解该建筑及所在区域的社会状况、历史状况和使用情况。通过一年的课程学习，学生不仅要掌握基础性的建筑设计知识与技能，还要在教师引导下，通过大量的调研实践，如对城市的历史街区、优秀建筑等实地体验与调查，初步接触和学习城市与建筑文化、建筑历史、建筑环境的关系，以及受众的需求等知识。

同时注重互联网资源和多媒体技术在教学中的运用，充分利用高科技带来的便利，使教与学能够在先进的数字技术与网络资源共享平台上得到拓展。在调研中借助多媒体数字技术，利用网络和数码影像采集工具获取影像资料，了解并初步掌握 Google Earth、Photoshop、PowerPoint、Indesign、SketchUp、Ecotect 等数字软件技术在建筑调研与设计中的运用，培养学生的创新性和批判性思维方法及自学能力。并通过以小组为单位

的实地调研与成果汇报，以及建构模型的设计与制作，初步培养团队合作的意识和学生的沟通协调能力。

此外，大一学生以项目小组形式自由组队（每组4～5人），自主选择题目与导师（导师组由学院指定，成员12名以上，并可根据需要聘请其他院系指导教师），在一年内完成一项创新兴趣培养任务（如工艺、装置、设计、调研、数字化模拟、模型等）。项目选择不求专业性，鼓励尝试与设计相关的其他项目，强调在探索过程中培养创新兴趣与能力，把学习的主动权交给学生，使学生充分发挥自主性与创造性，重在培养兴趣和过程认知。经过几年的实践，达到了较好的效果。

2.4 多维度、多途径的教学方式

吸取国内外相关课程在课程架构与培养方式的教学经验，在教学中以建筑设计基础的"情境化"教学为主线，以"专题理论讲座"、"数字技术训练"、"图纸绘制与表达"为辅线，探索多维度、多途径的教学方式（表1）。

多线索、多维度教学方式　　　　　　　　　　　表1

课程主线	情境体验	辅线1之理论	辅线2之技术	辅线3之表达	
空间之美	中央大街街道空间实地调研	形式美的法则；空间概念；外部空间设计；街道的美学	Google Earth、Photoshop、PowerPoint、Indesign	认知工具	认知工具
空间之形	中央大街街道空间形态分析	建筑空间组合论；图解思考；建筑形式空间与秩序	Photoshop、Indesign	正视图、俯视图	线条字体练习
功能之用	中央大街街道空间功能分析	建筑设计基础；建筑空间组合论；图解思考	Word、Excel、Photoshop	平面图	作品临摹
界面之限	中央大街街道空间界面分析	建筑设计基础；建筑设计的材料语言	Word、Excel、Photoshop	平面图、剖面图	作品临摹
光影之术	中央大街街道空间光影分析	安藤忠雄；路易斯·康	SketchUp、Ecotect	轴侧图	照片写生
单元空间竖向组合	哈工大汇北教授别墅单元空间分析	建筑空间组合论；建筑空间设计学	SketchUp、Indesign	透视图	案例临摹、案例写生

"情境化"教学作为课程主线，主要内容以课堂完成为主。其中上学期按照教学目的不同以分项训练为主。下学期则以拓展创作思维、培养综合能力和创新能力的综合训练为主，强化学生对整体设计概念、设计过程的理解和掌握。其中下学期的"建构之维"模块拟与建筑学院每年举办的"建构节"相结合，选取优秀的建构模型作业参加低年组别的比赛。

"专题理论讲座"辅线聘请相关专家教授进行专题讲座，结合课程主线的层层推进，分别对建筑历史、建筑文化、建筑空间、建筑结构、建筑表现、建筑可持续发展等专题进行展开，拓展学生视野，加深对主线内容的理解和领悟。

"数字技术训练"、"图纸绘制与表达"等辅线也是以学生课下完成为主，教师在课堂上作简要的教授与指导，学生在课下通过自学完成教师每阶段布置的任务。这是对课程主线教学内容的不可或缺的补充和完善。

3.结语

通过灵活开放的建筑设计基础教学，特别是在教学内容的情境化与教学方法的开放化方面的探索，让学生从知识的自我判定到信息的选择搜索能力、新知识的分析构建能力等方面都得到了极大的提高，激发了学生的求知欲与表现欲，促进了主动性与创造性的发挥，为高年级的深入专题研究打下了良好的基础。

图片来源：

图1～图3：于戈供图
图4～图6：施雨晴设计绘图
图7：殷青、于戈提供
表1：殷青、薛名辉提供

作者：殷青，哈尔滨工业大学建筑学院 副教授；于戈，哈尔滨工业大学建筑学院 副教授；周立军，哈尔滨工业大学建筑学院 教授

跨越围墙的学习场

——哈尔滨工业大学与英国谢菲尔德大学联合设计教学的启示与思考

吴健梅　刘莹　Flora Samuel　邢凯

Learning place out of the wall: Ideas From Joint Studio Teaching Between Harbin Institute of Technology and University of Sheffield

■摘要：哈尔滨工业大学建筑学院以培养具有国际化视野的复合型人才为目标，近年来不断拓展国际教学交流的层次和范围。2013年9月哈尔滨工业大学与英国谢菲尔德大学两校间进行的联合设计工作坊，是构筑在不同以往的教学组织、教学内容、价值理念和技术平台上的又一次积极尝试。本文通过对该教学过程的回顾，重点分析联合设计工作坊中关注设计方法、关注使用人群、关注片断设计、关注未来引导性的教学特点，进而探讨了一种更为开放的教育理念和方法——创设跨越围墙的学习场。逐渐积累的教学成果和经验启示，对哈尔滨工业大学的建筑教育改革具有现实的指导意义。

■关键词：哈尔滨工业大学　谢菲尔德大学　联合设计　教学特点　学习场

Abstract：Targeting on training comprehensive talents with global view, School of Architecture, Harbin Institute of Technology has been expanding the level and scope of international teaching communication in recent years. The joint studio between School of Architecture, Harbin Institute of Technology and University of Sheffield in the United Kingdom is another active work built on the different platform of teaching organization, content, value and technology. This article emphasize on analyzing the education feature of concerning design method, user crowd, partial design and future guidance, then discusses a more open teaching idea and method: creating a learning place out of the wall. The accumulated teaching outcome and experience has practical meanings of guidance on the architectural education reform in Harbin Institute of Technology.

Key words：Harbin Institute of Technology；University of Sheffield；Joint Studio；Teaching Features；Learning Place

　　随着经济和技术力量的不断推进，地球已越来越像是一个没有边界的共享空间，社会生活的所有领域都无法摆脱全球化进程的影响。当前建筑教育发展的整体趋势，是以培养国际化人才为目标，要求充分利用全球范围内的多方教育资源。2010年，初英国谢菲尔德大学被正式列为"985工程"资助下的哈尔滨工业大学的海外学术基地，自此启动了两校建筑学院间密切的教学与学术往来，借鉴谢菲尔德大学教育平台建立的哈工大建筑学院新版教学体系也将于2014年正式启动。

以联合设计工作坊为主要内容的国际交流活动，始终是哈工大建筑学院国际化办学的重点[1]。2013年9月我院与英国谢菲尔德大学开展为期一周的联合设计工作坊，首次正式作为必修科目列入建筑学本科四年级秋季的教学计划，涉及人数之多亦属近年来首次。此次国际联合设计工作坊是构筑在不同以往的教学组织、教学内容、价值理念和技术平台上的又一次积极尝试，旨在突出教学过程的实践性与探索性。通过两院师生跨地域、跨文化的合作教学，有效地扩宽了我院师生的国际化视野，该教学实践的总结和思考将有助于进一步拓展我院国际教学交流的层次和深度，进而指导我院在今后教学改革中建立更为开放的教育环境。

1.跨越疆界的教学平台

于2013秋季学期第一周开展的哈工大—谢菲尔德大学联合设计工作坊，它的筹备工作从上半年就紧锣密鼓地进行着。英方来访指导老师8人，其中建筑系6人、景观系1人、规划系1人，同我院教师合作安排了共7组的设计任务。我院建筑系负责不同年级教学的5个教研室以及景观系的教师根据自己意向自愿组建教学团组，每个教学团组有自己的研究兴趣和教学指向。在暑假之前就将设计任务发布给建筑学四年级的全体学生，学生打破班级界限，根据个人兴趣自主选择课题组。自此，一个跨越地域，跨越教研室和学科，跨越班制的教学平台建立了起来（图1）。

班级授课制的这种教学形式几乎一直在中国教育平台上唱主角，以统一教学内容为特征，在批量培养相同规格的人才上具有得天独厚的优势，而要培养以自主、多样、探究为特征的具有创新能力的人才则必须加以调整。联合设计工作坊这种跨越疆界的教学平台，其突出特点是强调教学过程中新鲜血液的输入。打破了传统班级制的教学，更注重学生学习的兴趣和过程，而不是老师的教授，学生真正成了教育的主体。鲜有合作机会的老师和学生们在工作坊中相互碰撞、相互交集，更有利于挖掘潜力、激发创新思路。

同时，它还最大限度地利用了现有教学空间，教室、教研室、会议室、走廊和沙龙，学院土木楼里到处可见教学团组讨论的身影，联合设计工作坊甚至起到了带动学院所有学生参与交流的作用。从封闭的"教室"到宽松的"学习场"，这种积极的具有启发性的氛围，鼓励学生学习的"自我指引"，提高了学生们的交流能力和协同合作的能力，自我评判能力也随之加强。

图1 联合设计各组师生合影

图2 讲座－研讨会－评图－展览

2.跨越课堂的教学组织

联合设计工作坊课时短，且均为非常规设计任务，我们预期以此作为循序渐进式长周期设计课程的补充，这就需要我们通过恰当的安排以实现教与学的高效性。我们试图建立更为开放的教学组织，在原有课堂类型的基础上，辅以社会调研、专题讲座、教学研讨会、公开评图和展览等多种教学安排，构建出多种灵活设置的活动课堂、隐性课堂，这种传统课堂的延伸使多样的学习方式成为可能（图2）。

合理组织开放的课堂类型和形式，目的是为了提高教学效率，它符合知识获取与创新能力培养的逻辑规律，因为创造性往往不是唯一的一种能力而是一簇能力的汇总。在工作坊整个教学过程中，交流和讨论是最重要的教学方式，在交流、讨论的过程中，学生是主体，教师成了参与者和倾听者，鼓励每个学生发展自己独立的个性和批判能力。我们处于信息时代，一个个数字化的IP地址催生出了各种非传统意义的课堂，学生获取知识的手段更为多元，可以在全世界范围内实现资源共享，然而这就更需要他们具有辨识能力和批判意识。实践证明，工作坊的教学方式激发了学生的学习热情，适度张扬了学生的个性，很好地调动了学生学习的主观能动性，同时发展了学生的独立判断能力，真正成为学生主动创新探索的互动式教学。

最终成果评价和展示往往是大多数学生非常重视的教学环节，学生会从评分中获取信息并明确自己下一步的努力方向。由哈工大—谢大两校建筑学院教师联合组建的评审团，其评价标准和评价方式的不同，使该教学环节亦展现出了不同地域和文化的碰撞与交流。比较而言，谢大老师评价学生设计成果关注更多的不是设计是否合理和是否能够实现，而更看重学生作品的创意和设计理念，而且非常注重方案发展过程中思维的连贯性和一致性，作品的社会价值和是否考虑了人的存在是重要的考量要素。同时，谢大老师在评价过程中鼓励和欣赏的成分居多，善于发觉学生方案积极的一面。这种宽容的评价观使学生更加自信地阐述和发展自己的想法，更好地发挥了评价作为学习体验的潜在作用。

3.跨界多元的教学内容

国际联合设计工作坊的教学实践中不同的思想和价值理念相互碰撞，不同的教学方法相互渗透，不同的技能手段相互结合，并为开发学生创新能力和智力潜能、拓宽国际化视野以及广泛开展的教学改革指明新的发展方向，最终目标是在与国际一流院校同台操作的过程中提升自身的教学水准。回顾2013年我院和谢大同行开展的合作教学，从表象上看是简单的一种"合与作"的关系，但实质上却隐含着各种差异，其中蕴含的跨界和多元的教学内涵非常值得我们学习借鉴。

3.1 关注设计方法

题目：都市气氛　指导教师：Flora Samuel，殷青，庄葳
题目：城市盲点之生态艺术　指导教师：Tatjana Schneider，韩衍军，薛明辉，张宇
题目：城市盲点之时间线索　指导教师：Carolyn Butterworth，邢凯，陈旸，唐征征

设计任务致力于开发并验证建筑实践的可选模式，鼓励学生质疑建筑教育与实践中的既定模式，并依据各自的经验积极尝试多元的模式。工作坊旨在培养学生针对具体的建筑项目采取多元模式进行设计的能力。鼓励学生全面深入地了解自己身处的城市，训练深入调研并获取可用信息的能力。

第一阶段要求学生用两天时间以哈尔滨以及哈尔滨市内的居民作为调研对象进行全

面而深入的调研，并进行前期调研汇报。第二阶段要求学生利用调研得到的这个丰富而复杂的数据信息库信息，支撑并发展成多样化并具有创造性的方案。调研汇报结束后，每位教师与所带的学生进行紧密的合作与互动，并使用各自特定的教学方法专注于一个特定的主题指导学生进行方案设计。第三阶段举办小型展览，邀请更多的师生参与方案的讨论和评价。

工作坊关注调研内容、信息记录和设计方法。人们愈发认识到保存对一个场所的感觉不仅是保护老建筑，很多其他因素的参与才使得一个场所更加独特。而且气氛在经济上和文化上都是有价值的。要求学生收集包括历史信息，当地居住者的故事，文化价值，野生动物与自然环境，光和天气，（声音和气味）感知等信息；通过图纸、绘画、拼贴、计算机生成图像、电影、文字与图像结合等多种手段来实现都市气氛的再现。我们学生普遍存在的一些问题，例如概念很强大，推导很牵强，结果令人困惑，或是沉迷于形式的变化和推导，感受不到人的存在，忽视对基地环境的限制和利用潜力的分析，最后出现一个比较虚、比较炫的结果，表达出的情感大多是自我为是、一厢情愿。不注重过程和方法，只注重结果的设计往往只是一个空虚的外壳。设计作品应力图营造一种生活方式、氛围、体验和社会价值，教育学生肩负起建筑师的社会责任感，让使用者参与到建筑实践当中并与设计者积极而热情地互动合作（图3）。

3.2 关注使用人群

题目：重塑学习空间　指导教师：Prue Chiles，吴健梅，史立刚

设计任务是要挑战我们熟识的学校固有形式，创造一个不同于传统的学习环境，学习空间需要综合考虑与服务对象和学习内容的相关性。课题鼓励各种类型的探索性实验，旨在创造性地将学习空间融入人们的社会生活中，成为城市景观的重要组成部分。

教学计划安排紧凑，每天的开始和结束时间都是工作坊全体成员的集中研讨，一对一

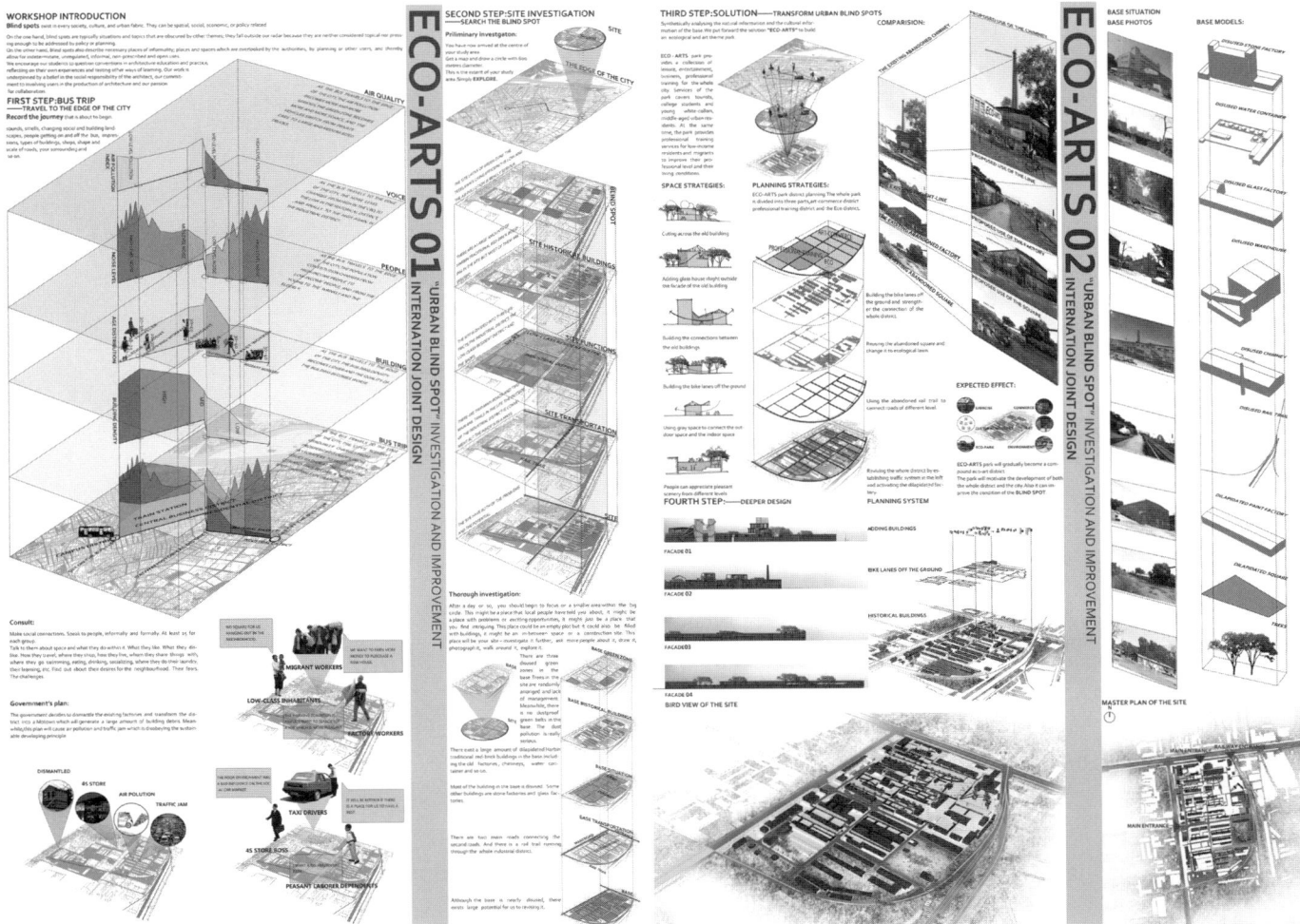

图3　学生作业——关注设计方法

图4 学生作业——关注使用人群

的交流则是随机、随时地进行着。具体要求如下：第一天，要求学生用拼贴的方式快速表达出自己记忆中的学校；第二天，组织学生走到城市中去，寻找适合塑造学习环境的场地或载体；第三天，策划与空间环境相适宜的学习内容；第四天，完善设计思路；第五天，最终成果表达；第六天，展示和评论。

工作坊的整个过程一再强调学生要关注使用人群。给予学生明确的要求，让他们注意到人的存在，只有在了解人的行为方式、心理状态的前提下，才有可能设计出创新的合理的使用方式。所以，关注使用人群是一种必需的设计态度。学生在设计过程中要十分注重使用人群和自身的内心表达，追求的是内向层面和诗意的展示。而我们的学生因习惯于技术层面的设计任务，在忙碌的节奏中偏向直指设计结果，表现在过程中缺乏更本质、更深层的思考阶段。建筑师需要懂得生活，事实上在建筑教育中除了智力型的实务教育外，更重要的是教授学生如何从环境中了解周围社会和人的生活状态，进而创造出更加适合人类生存的空间环境。在联合设计工作坊的实践过程中，通过思维方式的互补，认识不同的见解，学生们受益匪浅（图4）。

3.3 关注片断设计

题目：介入结构　指导教师：Rachel Cruise，刘莹，席天宇

工作坊关注来自全球不同国家在历史上不同时间设计的结构案例研究。在这些方案的原设计师们的社会、地理和历史文脉愿望基础上，要求学生提出自己的介入设计，利用实体模型作为主要工具探索多种设计方案的可能性。10名学生分成5组，以不同的案例实现介入结构，每组设计题目分别为：纸上建筑与塔特林纪念碑　标准化与水晶宫，透明性与玻璃亭，保护与比萨斜塔，优化与埃菲尔铁塔。

结构设计常被认为是纯粹的实践需要，且仅为设计一个安全环境的需求。然而一个结构设计通常是可利用的技术知识、所选择的设计过程以及诸多文化因素的整合。通过工作坊的学习，希望学生能够批判地理解设计过程以及结构设计和建筑设计的关系，理解不同结构系统及它们对建筑的影响，探索一种合适的结构策略以支持概念设计。

工作坊强调运用结构知识进行设计，这里的"结构片段"不是孤立在设计之外的实现

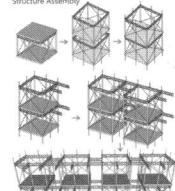

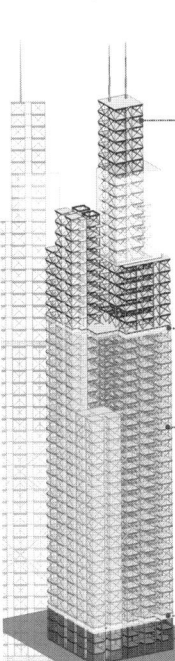
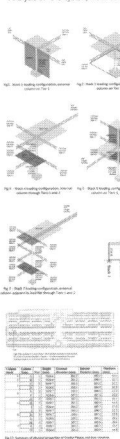
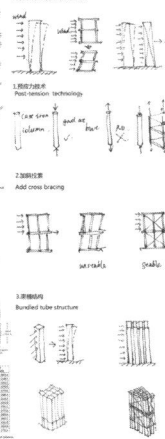
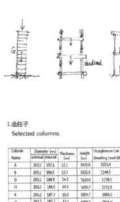
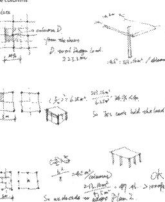

图5 学生作业——关注片断设计

手段，而是整体设计中的重要组成部分，在设计时应进行通盘考虑。结构知识对建筑系学生一直以来都是一个较大的挑战，抽取结构知识专题片段，并此为目标进行实境型全英文短期研究型设计教学。关注片段知识是研究型设计的一种有效方法。学生在设计过程中要注重结构基本知识、主次结构选型、主要构件受力和尺寸估算，利用体系、构件和单元来实现方案的设计意图。创新型的设计方案往往需要独特的视角和出发点，这就要求建筑师具有相对全面的专业及非专业知识，更重要的是能够从某个知识片段中出发实现介入设计。在为期一周的工作坊实践中，学生经历了从恐惧、尝试、理解到充满自信的心路历程，收获的不只是结构设计，而是片段知识介入的设计新方法（图5）。

3.4 关注未来引导

题目：食品与城市 指导教师：an Hicklin（建筑），Helen Woolley（景观），Malcolm Tait（规划），唐家骏，董健菲，刘滢，曲广斌（景观）

设计任务是根据自己的设计理念，将给定区块进行试验性规划，完成一个集城市开放绿地、棚户区改造、旧工厂改造，以及河沿岸治理改造景观规划设计于一身的规划设计，探讨集新的能源循环利用与补给与新的餐饮方式相结合的全新生活方式。

教学计划具体为：第一天，讲题，前期调研汇报，各专业师生共同考察基地，基地分析；第二天，探讨基地策略，各专业联合讨论，设计一个14人的野炊活动，制作基地内的概念模型；第三天，方案研讨，深入发展建筑设计；第四天，平剖面与模型研讨，各专业师生共同讨论方案，绘制1：200平、立、剖面图，谨记概念与设计间的关联；第五天，图纸模型讨论，完成图纸和模型；第六天，成果展示与答辩。

工作坊强调广义的设计概念和面向未来的设计引导。针对当前环境污染，工业废弃物污染，污水处理系统不健全等诸多问题使人们很难实现低碳和可持续生活方式的社会现状，借助谢菲尔德大学两位老师多年来进行相关研究的经验，以"食品和城市"为题在给定区块内进行一次生活补给模式和生活方式的实验性规划设计。要求学生既要考虑城市与区域的大关系，各主要功能组成部分的联系脉络，还要考虑到影响使用者实际生活的食品供给、

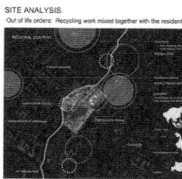

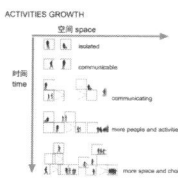

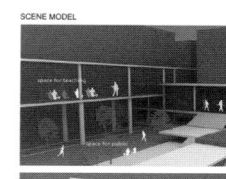

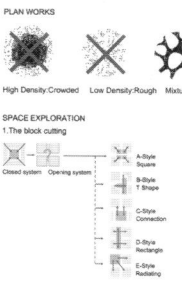

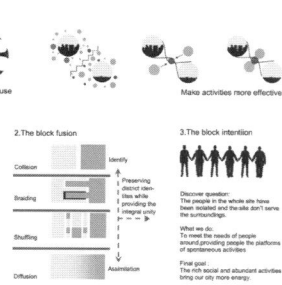

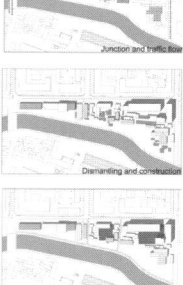

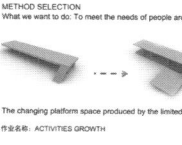

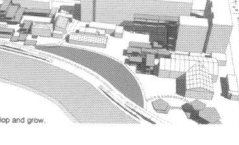

图6 学生作业——关注引导未来

室内外餐饮活动等需求，是建筑、规划和景观多学科合作的一个丰富而多层次的研究型课题（图6）。

4.实践中的思考

跨界多元的联合设计教学拓宽了建筑学专业本科生的知识面，让学生们能够不仅了解多学科的相关知识，并且极大地拓宽了他们的眼界和设计思路，为学生将来进行多学科研究和跨专业协作打下良好的基础[2]。这种通识教育的理念也有助于缓解现代大学普遍存在的分科过专、知识割裂的问题，对于增加学生知识的广度与深度，拓展学生视野，培养学生独立思考，让学生将不同的知识融会贯通，兼备人文与科学素养，成为"全面发展的人"具有积极作用。

建筑设计不仅要多方面创新，更重要的是体现其社会价值并且服务于人。如何形成并发展一个独特的设计角度，如何利用新设计方法解决现实问题，如何了解使用者需求并以此作为出发点进行设计研究也是学生们从联合设计课程中取得的一个最大的收获。国际联合设计教学打通了学校与学校之间的教学围墙，班级间的学习围墙，课堂间的知识围墙，以及学生间的智力围墙，营造并强化了一个具有平等、开放、多元、宽容、交流的教学和学术氛围的"学习场"。

注释：
[1] 梅洪元，孙澄．引智聚力 特色办学—哈尔滨工业大学建筑教育新思维[J]．城市建筑，2011(3)：27-30
[2] 徐洪澎，吴健梅，李国友．哈尔滨工业大学短期国际联合设计教学实践[J]．中国建筑教育，2013(6)：72-81

作者：吴健梅，哈尔滨工业大学建筑学院 副教授；刘莹，哈尔滨工业大学建筑学院 讲师；Flora Samuel，英国谢菲尔德大学建筑学院 教授，院长；邢凯，哈尔滨工业大学建筑学院 副教授

传承·开放·创新

——哈工大以技术为核心的大跨度建筑教育特色发展研究

罗鹏　刘德明　王哲

Inheritance·Openness·Innovation: Features Development of Large-span Architectural Education of HIT Base on Technology

■摘要:本文系统地梳理了哈尔滨工业大学大跨度建筑教育的发展历程和在当代的创新探索;阐释了其坚持以技术为核心,重视实践、开放交流、教研结合和注重创新的教学指导思想与特色发展之路;并结合当前的教学实践,探索大跨度建筑与技术跨学科协同的研究型教学体系建设与教学方法创新。

■关键词:建筑教育　大跨度建筑　技术　教育特色

Abstract: This paper deals with the developmental history and contemporary innovations of large—span architecture design teaching in HIT. The teaching concept focuses on technology, emphasizes on practice and innovation, and combines teaching and research. The theory is applied to current teaching practice in the innovation of teaching systems and methods, which integrates large—span architecture and technology.

Key words: Architectural Education; Large—span Architecture; Technology; Education Features

建筑是功能、技术与艺术的有机统一。现代建筑的技术属性尤为突出,建筑结构、材料、生态技术以及数字技术的广泛创新与应用,不断推动建筑的革命,也使建筑成为解决当代社会能源危机、生态可持续发展等一系列问题的重要组成部分。可以说,技术是现代建筑发展的最重要原动力之一,而一个国家的建筑技术创新能力也是决定其国际竞争力的核心力量。

哈尔滨工业大学自其肇始之初,既表现出了紧扣社会发展需求,重技术、重实践的办学特色,经历90余年的发展,虽几经变化、命运多舛,但这一特色始终得以坚持,并发扬至今,成为哈尔滨工业大学建筑教育的重要传统特色之一。特别是在大跨度、大空间公共建筑领域,历经几代人的共同努力,形成了国内为数不多的集产、学、研一体化的教学与科研团体,在始终秉承技术与建筑的紧密结合的发展原则下,走出了一条以技术为核心,以社会为导向,以实践为依托的特色发展之路,也为我国大跨度建筑教育、研究与实践做出了贡献。

1.哈尔滨工业大学建筑教育技术特色溯源

哈尔滨工业大学始创于1920年，这一时期正是中国社会面临"数千年未有之变局"，开始融入全球现代化浪潮之时，也正是哈尔滨这座"因路而生"的新兴城市的快速成长阶段。另一方面，哈尔滨地处远离中国传统文化核心地带的"大陆边缘文化"地带[1]，这也为其开放地吸纳西方先进思想和技术创造了条件。正是在这种地域条件和时代背景下，哈尔滨工业大学建筑教育从一开始就形成了以实用技术为基础，顺应社会发展需求，培养高水平应用型综合技术人才为目标的办学宗旨，而大量的工程实践项目和来自域外的掌握当时国际先进技术的人才，为这一宗旨的实现提供了保障。

"俄式教育"时期，建筑科（始称铁路建筑科）学制5年，学生在完成前4个学年课程学习后，第5年进行毕业设计。共设课程32门，除"高能数学"、"物理"等公共基础课，以及"绘画"、"建筑学"、"建筑设计"等专业课程以外，还涵盖"建造工艺"、"钢筋混凝土结构"、"给水排水"等大量技术类课程。与国内同一时期以"学院派"为主的主流建筑教育起源相对比可以发现，从不同类型课程设置的数量与比例关系来分析，哈工大早期建筑教育技术类课程在自身体系中占有很大比重，技术特色突出（图1）。在反映其教学最终成果的毕业设计中，学生不仅要进行建筑设计的内容，还要对结构、构造、设备进行设计和计算，甚至是工程造价都要进行估算。在这样的教学体系下培养出的毕业生能够承担项目从设计到建成的全周期工作（图2）。

2.哈尔滨工业大学大跨度建筑教育特色的形成

新中国成立后，一批在哈工大早期建筑教育体系中培养出来的优秀中国建筑教育工作者，以及来自全国各地的专家学者共同担负起了哈工大建筑教育的重任。源于关注技术、重视实践的学术传统，具备建筑与技术相结合的扎实的基本功，在严格的教学制度下培养出的哈工大新一代教师队伍，具有宽广的学术视野和强烈的创新能力。结合当时国内百废待兴的建设需求，以梅季魁、郭恩章、陈慧明、张耀增等先生为代表的一批哈工大老一辈教师，将目光投向技术要求高、难度大的大跨度建筑领域。早在1959年，梅季魁先生等就在《建筑

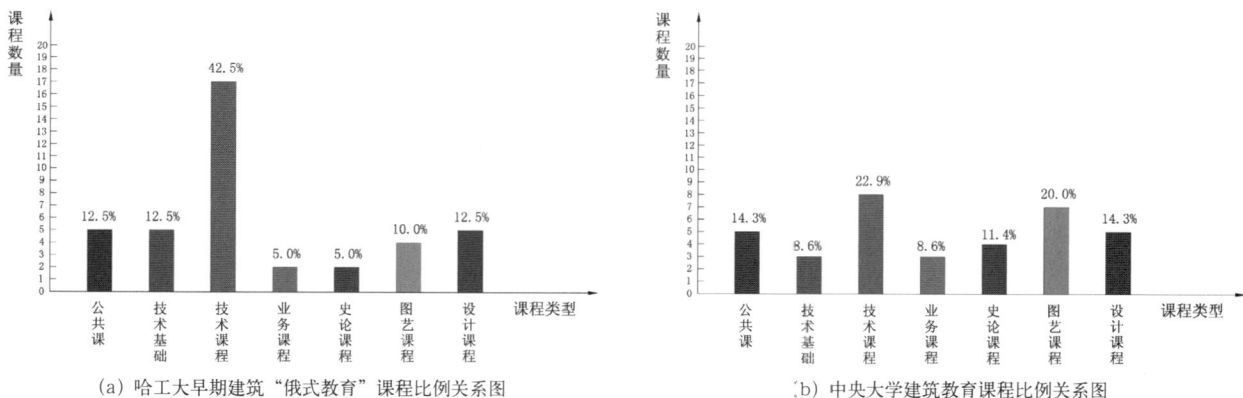

(a) 哈工大早期建筑"俄式教育"课程比例关系图

(b) 中央大学建筑教育课程比例关系图

图1 哈工大早期建筑教育课程设置与同期中国代表性建筑教育课程设置比较

〔注：此图根据《哈工大早期建筑教育》相关资料整理〕

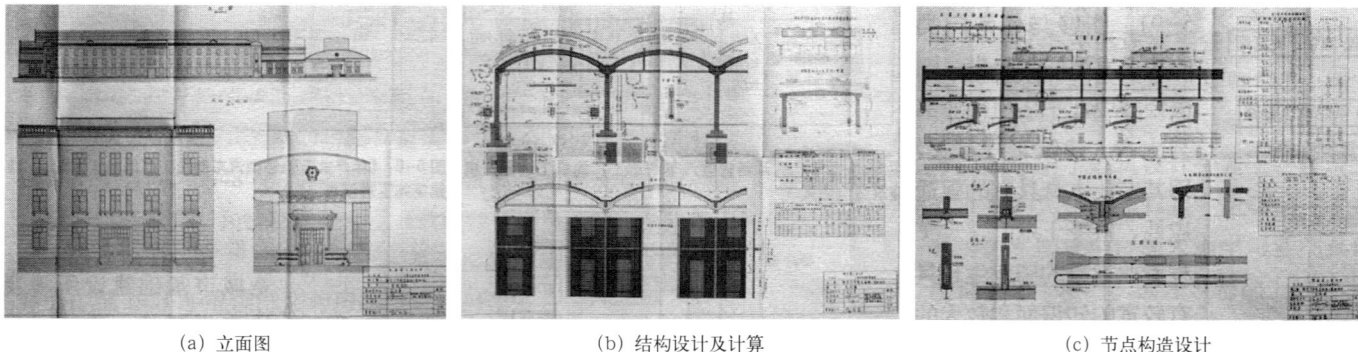

(a) 立面图

(b) 结构设计及计算

(c) 节点构造设计

图2 哈工大早期建筑教育毕业设计部分图纸[2]

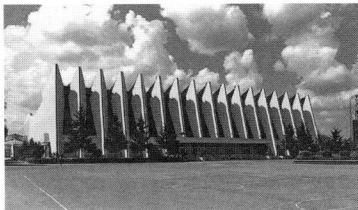

(a) 吉林冰球馆

(b) 北京石景山体育馆

(c) 北京朝阳体育馆

(d) 哈尔滨速滑馆

图3 哈工大大空间建筑研究所早期代表作品

学报》发表了《大型体育馆的型式、采光及视觉质量问题》等文章，成为我国大跨度建筑领域的先行者之一，也开启了哈工大建筑教育形成大空间公共建筑突出特色的大门。

历经浩劫后，从20世纪70年代末、80年代初期开始，由于拥有之前的人才储备和研究基础，以梅季魁教授为核心，通过多年的摸索和坚持不懈的实践，逐步形成了以技术为核心、以项目为依托、以创新为目的，产、学、研一体化的大跨度建筑教育模式。1990年哈尔滨建筑工程学院建筑研究所（现哈工大建筑学院大空间建筑研究所）的成立，更标志着哈工大大跨度建筑教育进入正规化阶段。建筑研究所以培养博士和硕士研究生等大跨度建筑领域高端人才为主要任务，以此为平台汇集了建筑学、结构、设备以及工程概预算等多专业的教师和专业人才。对于学生的培养以项目为依托，通过师徒传承式的教学方式，结合工程实践培养学生全面掌握关于大跨度建筑设计综合的理论知识和实际技能。教学内容包括大跨度建筑基础理论知识传授、实际技能训练和科研能力培养三个方面。学生在教师的指导下，在和各专业人员的合作过程中，首先通过工程实践学习大跨度建筑的基础知识，掌握基本技能，了解大跨度建筑的基本规律和设计方法，建立宏观综合的建筑视野；以此为前提，结合工程实践中遇到的技术和社会问题，确定研究课题，开展研究工作，再将研究成果应用于设计实践。

正是在上述"重视技术、立足实践"的教学思想引领下，哈工大大跨度建筑教育在人才培养、科学研究以及设计实践方面都取得了丰硕成果。在人才培养方面，迄今为止建筑研究所已经培养出博士

20余人、硕士100余人，遍布于全国各地的设计、管理、教学及科研等岗位，其中涌现出一大批我国大跨度建筑领域的领军人物和优秀人才，为我国大跨度建筑人才培养做出了突出贡献（图3）。

3.当代哈尔滨工业大学大跨度建筑教育体系的完善与发展

新时期，哈工大大跨度建筑教育面临新形势、新问题与新条件，其中既有机遇也有挑战。面对国际化、信息化与快速发展的中国教育现状，秉承"传承、开放、创新"的指导思想，当代哈工大大跨度建筑教育迈入了一个新阶段。

（1）传承"重视技术、面向实践、'产、学、研'一体化"的教育特色

重视技术能力培养，面向社会实际需求，注重产、学、研一体化是哈工大自创办以来一直坚持的优良传统。新时期大跨度建筑教育继续坚持并进一步发扬了这一传统教育特色，结合我国建筑教育改革提出的"卓越工程师计划"、"基于项目的学习"等一系列教学指导性课题，在"两院一体化"的新时期学院发展的大背景下，强化与哈工大建筑设计研究院、哈工大城乡规划设计院等工程实践平台的合作，积极投身大跨度建筑创作实践，以实践带教育、以教育促实践，形成良性循环。

（2）创造国际化、跨学科的开放教育平台

哈工大的创建与发展离不开国际先进人才的支持和先进思想的引进。当代，在国际化的浪潮中，大跨度建筑教育面向国际、开放办学，积极与国际高水平教学与科研团队合作；同时，打破学科界限，进行跨专业合作，打造高水平、开放化的教学平台。近年来，哈工大建筑学院大空间建筑研究所分别与美国麻省理工学院、英国谢菲尔德大学、意大利帕多瓦大学等多所国际知名高校开展合作，形成包括联合设计、交换学生、教师访学等多种形式的合作模式。同时，大空间建筑研究所与哈工大土木工程学院钢结构研究中心进行深入合作，双方师生共同参与，开创了跨学科联合教学——开放式研究型课程"大跨度建筑与结构协同创新设计"——等一系列新型课程。

（3）创新教学模式，建立从本科到博士系统化的教学体系

当代，哈工大大跨度建筑教育正在由以研究生教育为主体走向建立从本科到博士，并涵盖青年教师培养的系统化教学体系，使哈工大大跨度建筑教育逐步形成从工程型、研究型再到具有综合能力的领军人才的系列化、分阶段、多出口的综合培养系统。

本科教育阶段，以培养"掌握大跨度建筑的基础知识与设计方法的实践型人才"为目标。整合"结构选型"、"建筑力学"、"体育建筑设计专题"

等专业技术基础课、选修课，突出大跨度建筑特色，并通过"开放设计课程——大跨度建筑与结构协同创新"、"毕业设计"等专业设计课夯实理论基础、提高实践能力，形成本科教学中的大跨度建筑教育系统模块，从基础理论到设计实践培养学生掌握较为丰富的大跨度建筑基础知识，使其具有较强的实际操作能力和与其他专业合作的意识。

硕士研究生阶段结合实际项目进行设计实践，并开设"大空间公共建筑发展"、"大跨度建筑结构构思与结构选型"等理论课程，培养具有充分技术能力和综合技术视野的研究与实践并重型专业技术人才。

博士阶段的教育注重对于技术和理论的研究与创新，以研究课题为依托，以实践项目为基础，以大空间建筑研究所为平台，通过在科研团队中的学习与开展研究工作，培养创新型科研人才。

青年教师是研究团队的主力，在研究所的工作，既起到"教"的作用，同时也是一个"学"的过程。通过在科研团队中参与并带领学生进行研究和实践，逐步培育青年教师成为能够带领和管理学术研究团队，具有较强综合能力的未来的科研和工程领军人才。

通过系统化的建设，当代哈工大大跨度建筑教育正由点到面、由局部到整体，向高水平、特色化、规范化的方向发展。

4. 当代哈尔滨工业大学大跨度建筑教育方法的改革与创新

大跨度建筑由于技术含量高、综合性强等特点，在教学过程中存在较大难度。哈工大大跨度建筑教育，注重将现代科学研究方法和先进技术与传统建筑教育方式相结合，倡导在教学过程中运用"建筑与技术相结合、理论与实践相结合、定性与定量相结合、开放与创新相结合"的"四结合"原则 [3]。

（1）建筑与技术相结合——加强跨专业的学科交叉

坚持技术路线，注重建筑与相关专业的交叉和融合，是哈工大大跨度建筑教育方法的主要特色和创新点。以前面提到的"大跨度建筑与结构协同创新设计"课程为例，该课程由哈工大建筑学院大空间公共建筑研究所和土木工程学院钢结构研究中心联合执教，两个专业学生共同参加，教学目标是探索跨学科的协同创新。在课程的教学内容方面，强调建筑与结构一体化，互补互融；在教学组织、教学方法方面，兼顾了建筑学专业和结构工程专业的特点，并着力为跨专业的协同创新创造条件；在考核方式与评价标准上，将建筑的功能性、形象的艺术性和技术的合理性及创新性看作一个有机的整体，跨专业、多角度地进行综合评价，从而使教学评价更加全面，更接近于实际评价。该课程开设以来取得了良好的教学效果，连续获得"中国建筑教育专业指导委员会"优秀教案奖和优秀教学成果奖等多项奖励（图4，图5）。

（2）理论与实践相结合——强化基于项目的理论与实践一体化教学模式

无论是研究生教育还是本科生教育，哈工大大跨度建筑教育始终坚持"以项目为核心"的教学模式；突破了传统设计课与理论课的界限，通过项目的纽带作用，以社会实际需求为指导，在教学过程中将理论教学与实践教学相结合，使学生在理论指导下进行实践，通过实践加深对理论的理解与掌握；理论教学与实践教学互补、双赢，实现良好的教学效果。以研究生教学为例，在导师的指导下，通过在研究所参与真实的工程实践项目，研究生能够切实地了解国内外大跨度建筑的发展趋势、热点问题，掌握从设计到实现全过程的程序和方法，从而能够从社会现实出发，发现问题，确立研究方向，使理论研究与工程实践有机结合。该

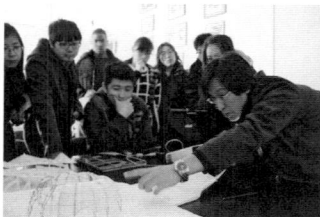

图4 "大跨度建筑与结构协同创新设计"教学过程照片

图5　"大跨度建筑与结构协同创新设计"教学成果模型

教学模式促进了学生从设计到研究、从理论到实践全面能力的提升（图6）。

（3）定性设计与定量分析相结合——突出数字技术与实验相结合的教学特色

建筑的艺术性和科学性是一个对立统一的整体。哈工大大跨度建筑教育既重视感性的艺术素质和审美能力的培养，又强调理性的技术分析、研究能力的训练；提倡由概念到实现，定性与定量相统一的设计方法，弥补国内建筑学专业教育技术性和科学性不足的缺陷。为此，在教学实践的过程中大量应用模型和实验，直观地对设计方案的空间效果、建筑形象、结构机理和力学性能等进行推敲。例如，引入结构专业"倒吊实验"、"水滴试验"等试验方法，通过实际体验，使学生理解自然规律，建立概念与实物、虚拟与现实的关联关系。当前，随着数字技术的飞速发展，参数化设计和BIM更为建筑的定性设计和定量分析相结合提供了有力的工具和平台。哈工大在大跨度建筑教学的过程中，注重运用计算机数字技术，将实验结果数字化，针对大跨度建筑领域中常遇到的空间结构和复杂形体等问题，进行方案的建模，进而进行定量的模拟分析与优化设计（图7）。

（4）开放与创新相结合——坚持国际化与研究型相统一的教学发展方向

当代中国建筑教育面临国际化的机遇与挑战。在大跨度建筑教育中，哈工大秉承开放性与研究性相结合的原则，把"具有国际化水准、突出研究性特色"作为大跨度建筑教育的

（a）安庆市体育中心

（b）鄂尔多斯体育中心

（c）岳阳市体育中心

（d）宣称体育中心体育场

图6　哈工大研究生近期参与的部分大跨度设计实践项目

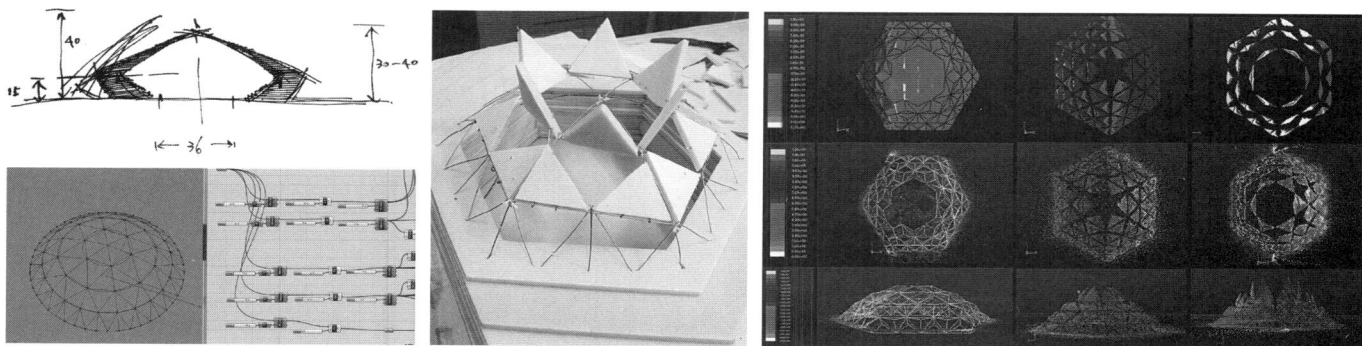

图7 教学过程草图、模型及结构模拟分析

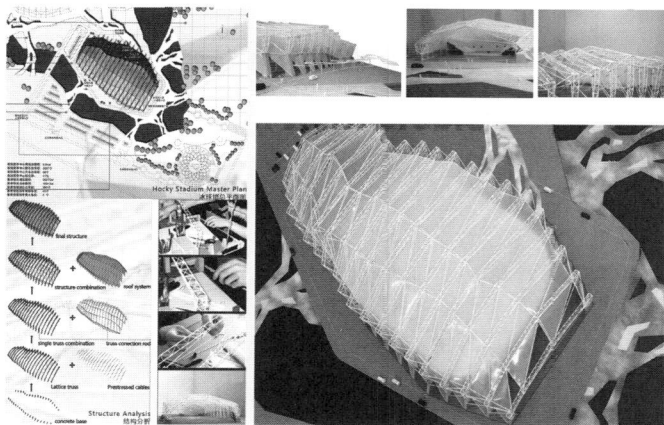

（a）HIT-MIT 联合教学中方设计成果之一

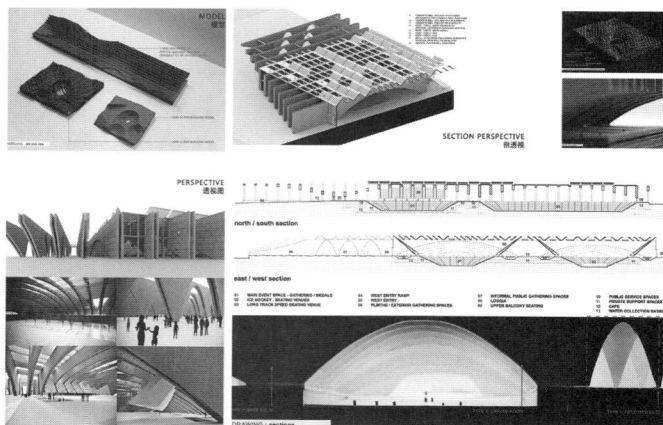

图8 HIT-MIT 联合教学部分设计成果

（b）HIT-MIT 联合教学外方设计成果之一

注释:

[1] 刘松茯. 哈尔滨城市建筑的现代转型与模式探悉 [M]. 北京：中国建筑工业出版社，2003

[2] 陈颖，刘德明. 哈尔滨工业大学早期建筑教育 [M]. 北京：中国建筑工业出版社，2010

[3] 罗鹏. 建筑与结构的交响——大跨度建筑与结构协同创新教学实践探索. 2013建筑教育国际学术研讨会论文集 [C]. 北京：中国建筑工业出版社，2013.10

发展方向。在具体的教学实践中，表现为重视与国际高水平大学进行交流与合作，教学团队人员组成体现灵活性，题目设定强调前沿性，教学过程突出研究性，教学成果注重创新性。例如，在与美国麻省理工学院进行的联合设计中，以"哈尔滨冬季奥林匹克中心场馆设计"为题，来自中、美两国的学生可以在此框架下通过调研与分析，自选具体课题和设计项目，在国内外教师的共同指导下，研究"冬奥场馆与城市需求的协调，严寒气候条件下场馆的季节适应性，大跨度建筑结构和形态的创新"等问题。着重培养学生发现问题、分析问题并通过设计的手段解决问题的综合创新能力（图8）。

5.结语

哈工大大跨度建筑教育通过几代人的不懈努力，逐渐形成了"以技术为核心，重视实践、开放交流、教研结合、注重创新"的教学特色。这既有其特定的形成条件，也与其始终注重顺应时代发展潮流、关注建筑教育本质问题密切相关。在当今中国社会快速发展的大背景下，面对"浮躁"，"重形式而轻内涵"等诸多不良现状，建筑教育人有必要回顾我国建筑教育发展历程，发扬优良传统、打破专业桎梏、重视技术教育、突出办学特色，树立正确的学术导向，通过培养适应时代需求的优秀人才，在国际日益激烈的竞争中，提高我国建筑行业的原发竞争力。

（基金项目：黑龙江省教改项目，项目编号：JG2013010236）

作者：罗鹏，哈尔滨工业大学建筑学院 副院长，副教授，大空间建筑研究所副所长，中国体育建筑专业委员会委员；刘德明，哈尔滨工业大学建筑学院 教授，博士导师，大空间建筑研究所所长，中国体育建筑专业委员会委员；王哲，哈尔滨工业大学建筑设计研究院规划建筑院 所长，高级建筑师

从建筑到城市的多维思辨

——特殊城市环境群体空间设计教学探索

梁静　董宇　埃里克·维尔纳·彼得森

Exploration of Architecture Design Teaching Aiming to Practice Research Ability: Taking Complex Space Design in the Special Urban Environment as an Example

■摘要：建筑学本科二、三年级的专业教学，是从建筑设计基础走向独立化建筑设计实践的关键步骤。同时，在这个时期需要强化训练学生的文脉意识，并在课程设计中融入建筑及其所在区域内的城市设计内容。哈尔滨工业大学建筑系在本科三年级课程建设中，进行了统合城市设计与建筑设计双轨能力建制，培养学生综合设计能力为目标的设计教学探索。通过对教学过程的严格控制，教学框架的细致梳理，研究方法的教学强调等一系列措施的实施，持续更新教学设计及其实践取得了阶段性的良好收效及教学反馈。

■关键词：教学过渡转型　教学设计　城市群体空间设计　城市设计　设计思维

Abstract：Transition from second grade to third grade in architecture teaching is a key step from architectural design basis to independent of architectural design practice. Also during this period, we should strengthen the training of students' context awareness and contents of the region in curriculum design in the city construction and design. Under the construction of undergraduate courses in the third grade, Harbin Institute of Technology Department of architecture carried out the integration capacity of city design and architectural design, cultivated students' comprehensive design ability Through the strict control of the teaching process, the meticulous carding of teaching framework, the emphasis on a series of measures research methods, continuously updated teaching design and practice has achieved good feedback effects and the stages of education.

Key words：Teaching Transition；Instructional Design；City Group Space Design；Urban Design；Design Thinking

1 建筑设计教学中城市观念的培养

国内外一流大学建筑学专业的本科教学体系，多数都极为重视建筑设计基础课程，及其向独立化建筑设计课程过渡阶段的课程设计。同时，在教学实践与校际教学交流中，我们也发现一个在国内建筑学专业中较为普遍的现象——本科建筑学专业的学生对于城市设计和城市环境的关注，时常远弱于其对建筑设计自身的关注，这就导致了学生课程作业中经常出现建筑功能设计完善、造型优美，但文脉缺失，对环境呼应不足的情况。在一定程度上，这和国内建筑学专业培养计划的制定中，经常把城市设计理论课程与设计训练设置在较高年级相关——但这解释不了全部，因为在四年级及毕业设计的作品中，上述情况也会时常出现。反思教学设计，我们认为，这样的情况，更大程度与其相关文脉意识和环境意识的培养与训练不足有直接的联系。因而对症下药，我们在教学设计中将"特殊自然环境群体空间设计"与"特殊城市环境群体空间设计"作为一剂药方，合为一个连贯的"疗程"，植入常规的设计课程之中。其中，后者可以看作前者的进阶，需要学生在设计学习中解决更为复杂的"群体文脉"所带来的际遇与挑战，需要提出温柔地融于环境的方案，而不是使其建筑作为一种纪念碑式标志物突兀地出现。

2 从"建筑"到"城市"的目标指向调整

作为首当其冲的转变，设计题目的再设定成为被确立的第一个教学特色。本科三年级学生的专业训练已经从基础入门的兴趣培养转变为研究能力的提高和创造性思维的拓展。同时，学生在本次课程之前的"特殊自然环境群体空间设计"中已经建立了基本的环境观念，本次题目将在此基础上进一步强化复杂城市环境下的整体设计思维训练。因此，本次设计题目通过非常规性的命

题，让学生参与任务书的制定，体会作为未来建筑师所要担当的社会职责。在制定的过程中学生既要完成先期的研究内容，同时通过多解性命题，鼓励学生运用各种所学知识或开发新的技能进行创新设计，充分发挥其想象力和技术综合能力。

我们选取处于城市环境的三组地段进行群体空间训练（图1），力图使学生建立起完整的文脉观念和整体设计意识。设计题目为"哈尔滨市地铁1号线三个站点周边街区的整体城市空间改造"——三个地段都是有近百年历史的老街区。其中，1）铁路局站点紧邻哈尔滨工业大学1920年校舍、哈尔滨铁路局和铁路文化宫，区域周边教育与文化建筑密集，设计目标确定为"创业园区＋创作空间"；2）博物馆广场站点周边地段为城市交通、商业、文化中心，有博物馆、少年宫、剧场等文化设施和集中的大型商场，是城市中商业与文化综合的一个节点，用地拟建成"城市广场＋艺术展廊"；3）龙江街站点则刚好与秋林商业圈毗连，周边布有三座教堂，设计目标确定为"商业街坊＋市民中心"。经历时代变迁和城市发展，现实环境中的三个街区都集中了一系列功能以及空间上的弊端和矛盾。如何提取核心问题，确定方向并集中精力实现重点突破成为设计关键的一步[1]。

3 从"独立"到"系统"的教学结构应对

针对更为复杂化的城市环境命题，要指导学生用建筑的语言来书写城市之道的文章，需要将原本单一化的教学组织，有针对性地调节到系统化的结构来应对。这个调整既保证了教师可以保持清晰的教学思路，在各个时间节点把控教学进度与深度，也保证了学生的学习收益，将推敲深化建筑设计与文脉环境的融入设计同步，利用层层递进式的教学推进来保证教与学的推行进度，同时也是一个不断刺激、强化学生城市文脉意识的一个有效举措。我们将整个教学过程分解成"基

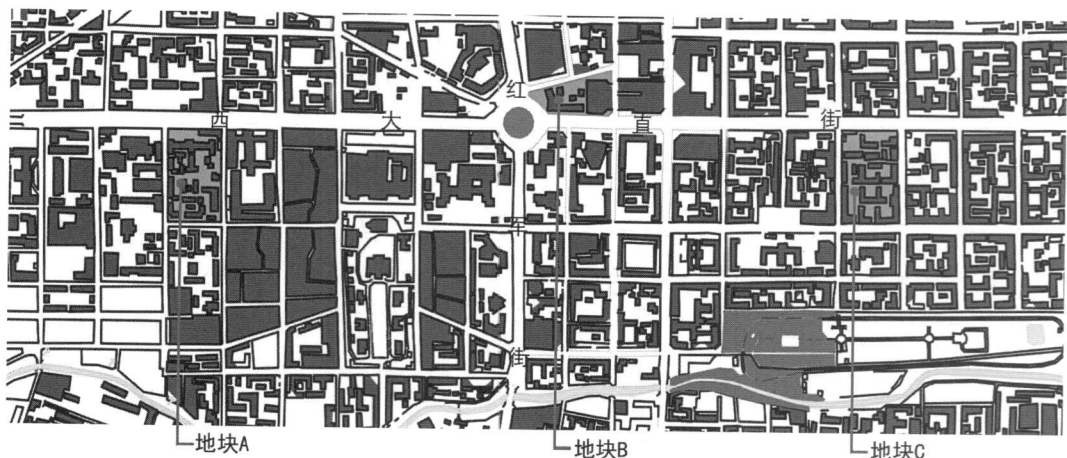

图1 城市环境群体空间设计课程三组地段位置图
（地块A：铁路局站点；地块B：博物馆广场站点；地块C：龙江街站点）

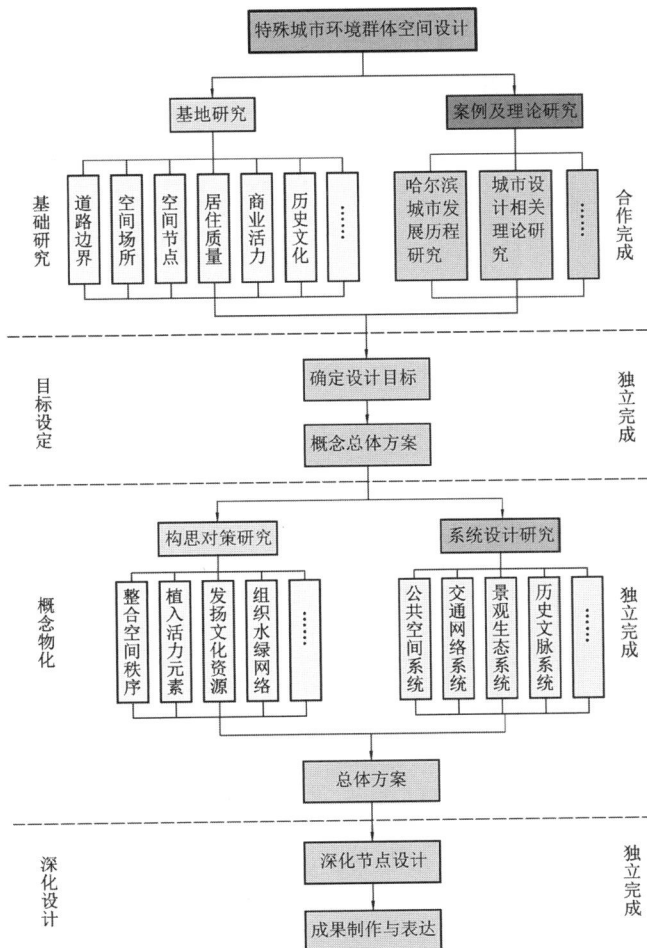

图2 "特殊城市环境群体空间设计"教学框架

础研究—目标设定—概念物化—深化设计"4个环节，通过由浅入深、环环相扣的目标体系逐步推进设计发展（图2）。

3.1 定位基地开展全息性调研

基地研究需要在现场调查和文献阅读的基础上提炼出区域发展的独特资源与制约条件，关注城市历史文化、景观生态、商业发展和交通可达性等研究主题。在此阶段采取团队合作的方式，学生分成若干个小组，分别对地段的道路边界及空间场所，居住，公建及节点，居民行为、不同地段环境氛围特点，及寒地建筑设计对应等方面进行调研，找出现有地段哪些需要保留，哪些应该拆除，哪些可以适当改造，分析地段现存主要环境矛盾，进而提出设计目标与概念方案定位。这一阶段的研究工作在传统的设计课程中往往不受重视，但是它对于学生建立主动分析研究项目条件的设计习惯，从城市角度思考建筑有很大裨益。因此我们在课程设计的系统中也加重了此阶段的比重和考核，以促进学生对于生成建筑之"因"的挖掘与组织调度能力的提升。诚如K·弗兰姆普顿（Kenneth Frampton）对于建筑反思性实践所做的论述："……当建筑学正在重新调整其立场以维持其与总体文脉保持一定的延续感和深度的情况下，'飞地'[2] 不过是一个潜在的'是什么'而已。

为了使整个建筑实践能取得一种可行的方法，'为什么'应当取得同样的地位。"[3]

3.2 拓展形式以挖掘教学潜力：

在传统的设计课教学中，案例研究作为一种资料收集，往往被安排在设计构思的初级阶段，而在研究型设计教学中，典型案例的研究与解析应贯穿于设计过程的始终。因为研究能力的强弱与设计者学习能力的强弱直接相关。同时为避免抽象讲解的枯燥与单调，教师在课堂设计辅导的基础上，采用"汇报辅导＋案例解析＋随堂研讨"的教学方式，结合设计进度安排一些相关设计案例进行分析与讲解，着重案例中设计研究方法的解析，并注重引导学生相互提问、讨论，引发动态的教学环节，使学生在分析他人设计方法的基础上，拓展设计思维，提升设计方法；同时在多向互动中，将设计思考引入一定的深度。通过典型案例分析，引发学生对城市公共利益、历史保护、绿色交通与社会职责的思考；在设计过程中，更是以社会行为特征出发，以公共空间为线索，帮助学生突破建筑单体的思维方式，建立起城市视野的建筑设计观。此环节的调整与内容增设，另一个目的在于帮助学生摆脱幼稚功能主义对设计观念所形成的桎梏。从功能角度无法阐明城市建筑体的结构和组成，功能概念的合理意义在时间推移中会被一定程度的消解[4]。因而，城市环境群体空间课程设计的定位，也立足于对后续城市设计观念的预热培养，"更确切地说，我们反对天真经验主义所支配的功能主义概念，因为这种概念认为，功能汇集了形式，功能本身构成了城市建筑体和建筑。"[5]

这种教师与学生共同参与的案例研究能有效引导学生的设计思维，并在优秀案例的启发下拓展出更多的设计研究方法，从而融入教师的案例资源，使得教学资源得到不断的丰富与完善。另外，在每个教学环节之间插入相应的理论知识课，讲解城市设计的基本内容、设计元素与工作方法，以增强教学的针对性和有效性。

3.3 启发构思与鼓励对策研究

在前期的基地调研和案例研究的基础上，使学生对用地有了整体的认知。其后的工作是启发学生寻找基地隐含的秩序。他们会在调研中发现，现有城市地块的环境矛盾较大，教师引导学生透过这些矛盾的表象寻找其存在的根源，并将其总结出来，如：地块交通压力较大，现有破旧住宅多，居住质量差，空间秩序混乱；整个地块封闭性较强，缺乏公共性开放空间；沿街轮廓松散，天际线混乱，城市层次混杂，保护建筑被淹没。基于以上分析，学生提出自己的设计概念：围绕着整合空间秩序，植入活力元素，发扬文化资源及组织水绿网络等构思对策。但这些理性的推演在每个人的分析中

图3 老俄楼·路——建筑创业产业园区设计（葛家乐设计）

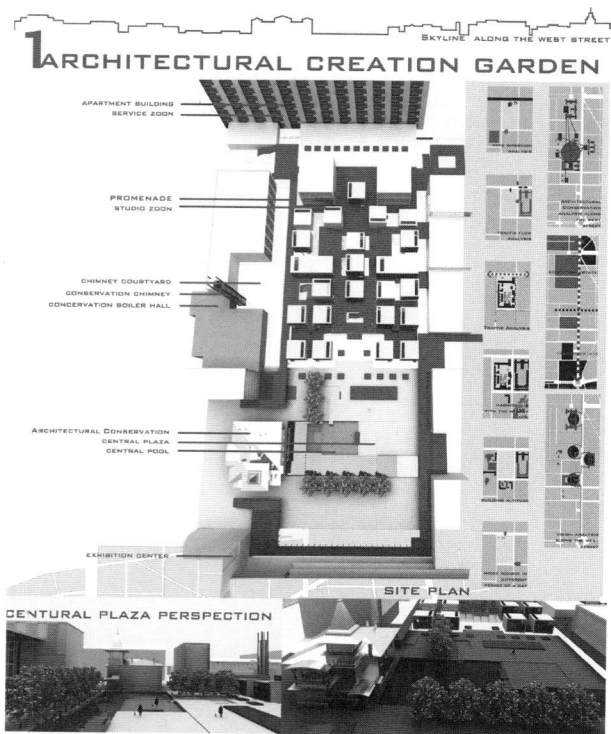

图4 Fabulous Trip——建筑创业产业园区设计（葛晓蕊设计）

基本相似，教师需要通过专业素养发现每个学生思维中的原创特点，并鼓励其发展成为有特色但不甚趋同的设计方案。

以学生设计作为案例说明：有的学生从整合空间秩序入手，以地块中的历史建筑"老俄楼"作为起点，安排了一条曲折的、步行体验丰富的、与老建筑存在"对话"的道路，最终通向另一座园区南侧保护建筑，使得原本疏离混乱的街坊空间充满的秩序感（图3）；有的学生则从空间组织的角度出发，通过立体的交通网络将动静合理分区，在这个紧邻城市最繁华主干道的地段中，为建筑创业产业园区营造出一份自在宁静的街坊空间形态（图4）。在这一过程中，教师需要引导学生在相似的分析过程下展开不同的解答方案，而不是将个人的偏好过多地影响教学，从而使得学生努力形成自己的特点——"殊途"其设计发展，"同归"于能力锻塑。

3.4 深化落实于细节与可行性

概念落实物化之后，学生设计方案的基本形态和总体布局都已成形，可以开始设计的深化。群体建筑的空间秩序是本课程设计的重点阶段，其后的深化设计为方案的可行性打下基础。深化设计包括形态、结构、材料构造、环境景观、室内设计等各方面的推敲。在这个阶段，多数同学的方案从形体关系上看并没有较大的变化，但是正是这个深化推敲的过程才使得前一阶段的概念成立，并落实成为具有可行性的设计方案。深化推敲设计阶段除了绘制详细平面图和制作模型外，学生们还采用绘制电脑模型、大比例局部剖面、透视图，以及拼贴等工具进行多方案对比。在完善成果表达的同时，也是对设计的内涵、外延技能与方法的强化训练。教师在这一阶段亦要引导学生将城市环境的整体秩序与空间关系作为表现与叙述的一个重点，而不应只停留在建筑及其所控制的环境层面上，要将其设计视阈提升到建筑及其所参与的城市环境层面。

在建筑设计教学中，由于课程学时的现实，深化设计的部分往往受到忽视。在本次课程中，通过教师的强化指导，很多学生的方案令人惊喜。如王奕龙同学的方案，详细探讨了城市更新的议题，尽可能地保留原有基地内的住宅楼和居民生活环境，采用改扩建的方式处理原有的建筑，而对于新建的园区则希望通过"逐渐扩展、慢慢融入"的方法，使得两者的关系更为有机（图5）。同时，在方案的可实施性上进行了较为深入的研究，对于改扩建的步骤也能够提出较为科学合理的解决方案。对于成熟建筑师来说亦相对困难的课题，本科三年级的学生却能做到如此学术性的解答，令教师们深感欣慰，同时也促使我们在教学改革的道路上进一步加快创新的进程。

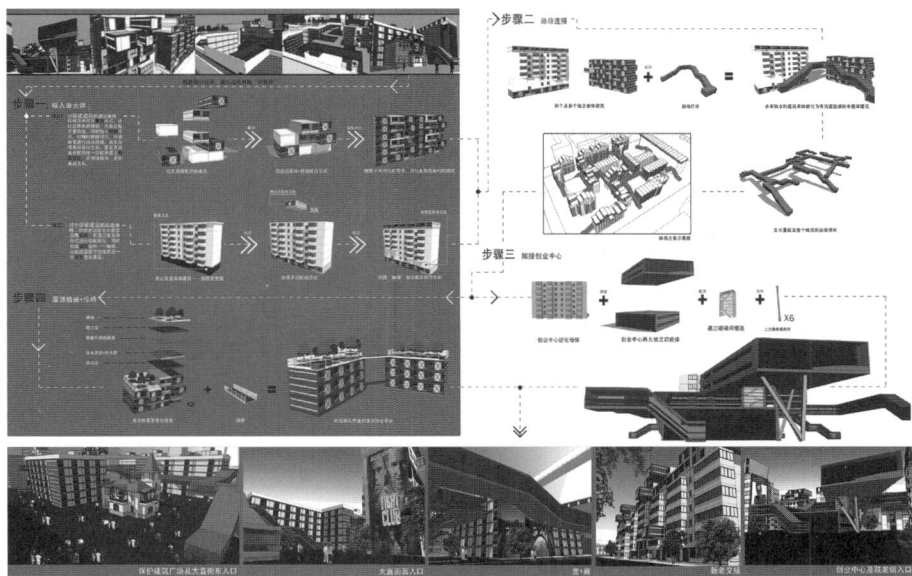

图5 代谢·进化·生长体——建筑创业产业园区设计（王奕龙设计）

4 阶段成效、问题与进阶方向

本课程自实施以来，收到了成果颇丰的教学成效，学生的作业成果多次在全国大学生优秀作业评选活动中获得奖项，本课程的教案亦在全国建筑学专业指导委员会主办的教案评比中获优秀教案奖。目前，对于"特殊群体空间"设计教学改革仍在不断地更新与实践，从教学成果与学生反馈来看，调整中的教学模式对于调动学生的学习兴趣、丰富设计研究方法、深化设计和提高研究能力等方面成效显著，更主要的是，在本科中期阶段，就可以奠定学生的环境与文脉意识，提升其设计视阈，使其具备初步的城市设计能力与相应的城市文化生态关怀。当然，在实际教学推进中也存在特定环节进程较为拖沓，部分学生的方案设计深化有限等问题。同时，教师的个人专业能力与教学素养也一定程度上影响了教学平衡。也因此，在教学环节的设定，教学方法的控制等方面仍有亟需改进的方面，这些都需要更多的教学实践来梳理和改进。

（基金项目：黑龙江省哲学社会科学规划项目，资助号：12C05；哈尔滨工业大学科研创新基金，项目编号：HIT.NSRIF.2013068）

注释：

[1] 李国友，李玲玲. 整体 类型 个性——特殊城市环境群体空间设计教学的环节设定 [J]. 城市建筑，2010（4）：108-109

[2] 弗兰姆普顿认为，在消费社会中，实现平衡的生态－本体条件，只能使用断续的"飞地"策略，在"某些被包围的碎片中使文化与生态得以共生，来抗拒周围的混乱（注释[3]，387～388）。"实际上，消费者主义也同时割裂了城市的文化生态，这在当今发展中城市可谓屡见不鲜。因此，"特殊城市环境群体空间设计"的课程一定程度上也是针对这一现实中触手可感的城市病态所设定。在更多的亲身体验中，使其将理想中的设计与现实中的状态相对应，加深空间体验的真实对感应，强化"环境观念"。

[3]（美）肯尼斯·弗兰姆普顿. 现代建筑：一部批判的历史 [M]. 张钦楠等译. 北京：生活·读书·新知三联书店. 2004.03，389

[4] 罗西（Aldo Rossi）指出，城市建筑体相关的主要问题为"个性、场所、记忆和设计本身"，但没有提到"功能"，是由于建筑的功能性在时间性面前所表现出的脆弱与流变。功能主义与机能主义排挤了产生形式的最复杂的起因，把类缩减为简单的组织方案和交通流线图，但忽略了城市建筑体之间的复杂关系与其产生的美学意图和需求（参见注释[5]，48）。此教学中，时间性的概念并没有被强化突出，因为其介入有可能为刚刚接触复杂设计的学生带来过多讯息，而使教学目的指向被弱化。作为全阶段性的循序渐进教学，我们于此阶段更关注于学生对于环境要素的关注和处理。

[5]（意）阿尔多·罗西. 城市建筑学 [M]. 黄士钧译. 北京：中国建筑工业出版社. 2006.9：43

作者：梁静，哈尔滨工业大学建筑学院 讲师；董宇，哈尔滨工业大学建筑学院 讲师；埃里克·维尔纳·彼得森（丹麦），哈尔滨工业大学建筑学院 合约教授

卓越建筑师培养的三个平台

付瑶　张伶伶

The Three Platforms of Culturing Outstanding Engineers

■摘要：本文以"卓越工程师教育培养计划"为导向，论述了建筑学办学的三个平台，分别概括为"三个学科"、"三个体系"和"三个主体"。

■关键词：卓越建筑师　创新　设计　实践　平台

Abstract：With the outstanding engineers plans as a guidance, the paper mainly discusses the three platforms of architectural education, which can be summarized as three disciplines, three system and three main characters.

Key words：Outstanding Engineers；Innovation；Design；Practice；Platform

　　2010年6月，国家教育部提出实施"卓越工程师教育培养计划"。卓越工程师计划的总体思路是：在总结我国工程教育历史成就和借鉴先进国家成功经验的基础上，以走中国特色新型工业化道路为契机，以行业企业需求为导向，以工程实际为背景，以工程技术为主线，通过密切高校和行业企业的合作、制订人才培养标准、改革人才培养模式、建设高水平工程教育师资队伍、扩大对外开放，着力提升学生的工程素养，着力培养学生的工程实践能力、工程设计能力和工程创新能力[1]。按照"卓越计划"的要求，通过全国建筑学专业本科教育评估的建筑院校要推广"卓越计划"的实践，尤其按照"卓越计划"文本的具体要求编制卓越建筑师培养计划，后者相对而言在形式上较为顺畅，因为两者的培养能力与知识体系比较接近，只是表述方式有所不同。但是真正要实现"卓越计划"工程实践的操作以及在工程实践中培养学生的创新能力和设计能力，就不是那么简单的了，需要搭建学科融合、课程融合、校企融合的支撑平台。我校依据已有的学科发展基础以及新时期的实践平台的培育，通过搭建三个大平台保证了卓越建筑师培养的改革与实践，形成了自己的特点。

1　"三个学科"——建筑、规划、景观的学科融合平台

　　卓越计划培养能力之一是"工程创新能力"，强调培养多学科交叉融合的复合型人才。

创新是指，"以现有的思维模式提出有别于常规或常人思路的见解为导向，利用现有的知识和物质，在特定的环境中，本着理想化需要或为满足社会需求，而改进或创造新的事物、方法、元素、路径、环境，并能获得一定有益效果的行为"[2]。建筑师在进行工程创新时往往需要通过联想思维、逆向思维、发散思维等提出新颖的设计构想，而这些思维产生的基础需要比较广博的知识面以及多学科的知识积累，因此多学科的融合、交叉学科课程的设置为学生奠定了宽广的知识基础。另一方面，未来建筑师执业过程中承接的建设工程项目通常都会包括了从规划设计、建筑单体设计到景观设计的三部分内容，掌握这三个主要学科专业知识的设计者在今后的实践过程中对项目更具有控制力，更易获得业主的信任而推进项目的执行。

1.1 三大学科的合合分分

我校 1993 年获得建筑设计及其理论学科硕士学位授予权；1999 年获得城市规划与设计硕士学科点授予权；2000 年增设园林、生态学两个专业；2004 年增设景观建筑设计专业；2010 年建筑学一级学科被国务院学位委员会批准为新增博士学位授权立项建设单位；2011 年博士学位授权立项中期检查，建筑学科拆分为建筑学、城乡规划学、风景园林学三个一级学科；2013 年建筑学、城乡规划学、风景园林学获批博士学位授予权。三个一级学科随着专业的建立都已经发展了 10 年以上，各学科在师资、研究方向、科研成果、国际学术交流等方面都取得了一定的成绩，特别立足辽宁者形成了自身的特色。三个学科已经形成了相互融合、相互完善、相互支撑的布局（图1）。

1.2 学科融合的课程设置

从 1993 年起，由于城市规划、生态学、园林学以及风景建筑学几个专业的设立，建筑学专业培养方案融合了以上专业的核心内容，调整和改变了教学计划。相继在 1999 年设置了"城市规划原理"与"居住区规划设计"课程；2000 年增加了"小城镇建设专题"；2001 年增设了专业课"城市设计概论"，任选课"植物配置"；2004 年设置了"中西方古典园林"以及"园林学"；2012 年新增了"沈阳市城市建设史与盛京古城"。相关专业课程的学习，为学生建立了更宏观、更广博的建筑学知识体系。

1.3 硕导的跨界交叉配置

卓越计划实施包括两个方向——分类与分层。分层是指分为本科与硕士两个层次的培养。在硕导的配置上，建筑学硕士生的培养体现了多学科的融合，在整体建筑学硕导的队伍中，有 1/5 导师跨建筑学和城乡规划学两个学科，有 1/5 导师跨建筑学和风景园林学两个学科。在导师的带领与指导下，研究生的学习依托多学科的学习团队实现了学生与学科之间的相互促进。

2 "三个体系"——设计、历史、技术课程体系的支撑平台

卓越计划培养能力之二是"工程设计能力"，设计能力是建筑学专业学生的核心技能。设计能力提高的主要途径是理论与实践的结合，理论不仅仅是围绕设计主体的原理性理论以及设计的方法论，更重要的还包括建筑历史与建筑技术科学两个方面的理论知识。中国传统文化中有"道"与"器"之分，形而上为之"道"，形而下为之"器"。"道"是事

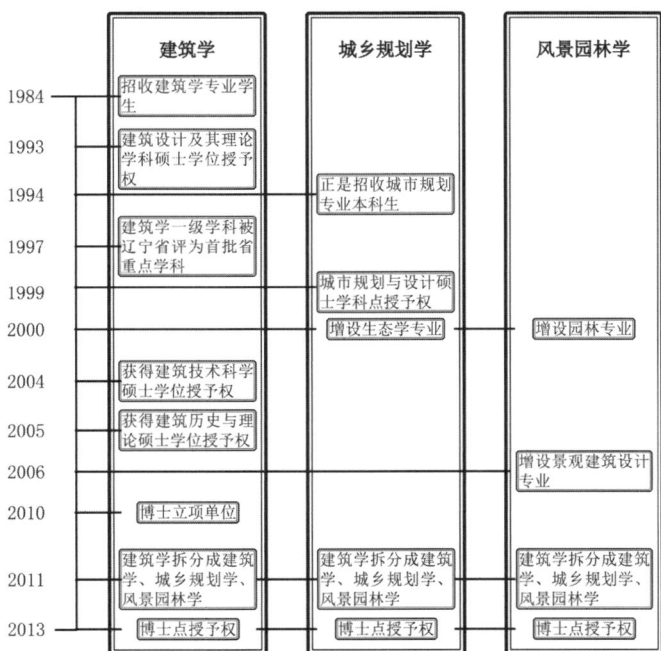

图1 沈阳建筑大学院系简史图

物的基本规律与方向，是具体"形"的思想根源。在建筑设计中，建筑理论则是"道"，历史理论和技术类课程是建筑学专业人才设计活动的两个重要理论支撑部分，是建筑设计深入的保证。历史理论与技术体系以设计为主线，根据不同阶段设计能力的培养配合相关的课程，相辅相成，相互支撑。

2.1 循序渐进的设计体系

建筑设计的课程体系按照认知阶段、基础训练阶段、综合提高阶段、拓展阶段等进行组织安排，每个阶段根据学生对专业知识的掌握程度，设定不同的专题。认知阶段（一年级）是学生专业学习的初级阶段，通过空间体验进行空间认知，从简单形体开始进入设计过程；基础训练阶段（二年级）通过小型建筑设计训练，使学生了解和掌握合理的设计过程与设计方法。以"空间"为目标，进行从小型单一空间设计过渡到组合空间的训练，由浅入深地培养分析问题和解决问题的能力，建立初步的整体意识和环境意识；综合提高阶段（三、四年级）是逐步培养处理建筑单体和群体关系的能力的阶段，提高处理复杂建筑和认知城市环境的能力。深化创造性思维的培养，启发团队协作意识，熟悉相关技术知识在建筑设计中的应用，提高整体设计技能；拓展阶段（五年级）通过在设计单位的集中性实习和毕业设计两个重要环节，了解建筑设计从立项到完成的全过程，熟悉建筑师的职业特点和工作状态，提高知识的综合运用能力，进一步将专业技能深化或拓宽，完成由学

校培养到社会实践的衔接性过渡。

2.2 由浅入深的史学理论体系

建筑历史与理论由浅入深，以"总—分—专"的形式配合设计实践。总的概论阶段（一年级）配合"建筑概论'课程设置"中外建筑史概论"，先帮助学生建立起中外建筑史发展的基本框架，初步了解各时期建筑发展的脉络与思潮，从历史建筑开始认识建筑；中外建筑史的细分深化阶段（二、三年级），主要围绕"外国建筑史"与"中国古代建筑史"两部分内容进行深入学习，同时辅助设置"当代名作欣赏"、"中国传统民居"扩展历史课内容，课程的内容使学生了解与理解历史建筑中建筑师的设计理念，通过对历代建筑类型与形式的梳理积累了大量的建筑形式；专题阶段（四年级）通过设置"中国建筑美学"、"现代建筑理论"、"建筑遗产保护理论"、"建筑评论"等课程，使学生在建筑历史方向专题设计中进行关于历史文化、传统建筑美学、历史建筑保护等方向的设计思考。

2.3 由简入繁的技术体系

建筑技术课程体系是保证设计技术性实现的基础，在设置过程中根据学生对专业的理解采取了先简后难的思路，在专业学习初期鼓励学生开放的创造性思维，尽量不被技术要求限制住设计构思；在二年级开始仅仅辅助"建筑力学"、"建筑结构"、"建筑材料"等其他基本工程技术知识，帮助学生建立工程构造技术的基础；三年级开始对"建筑构造1"、"建筑结构选型"的学习，结

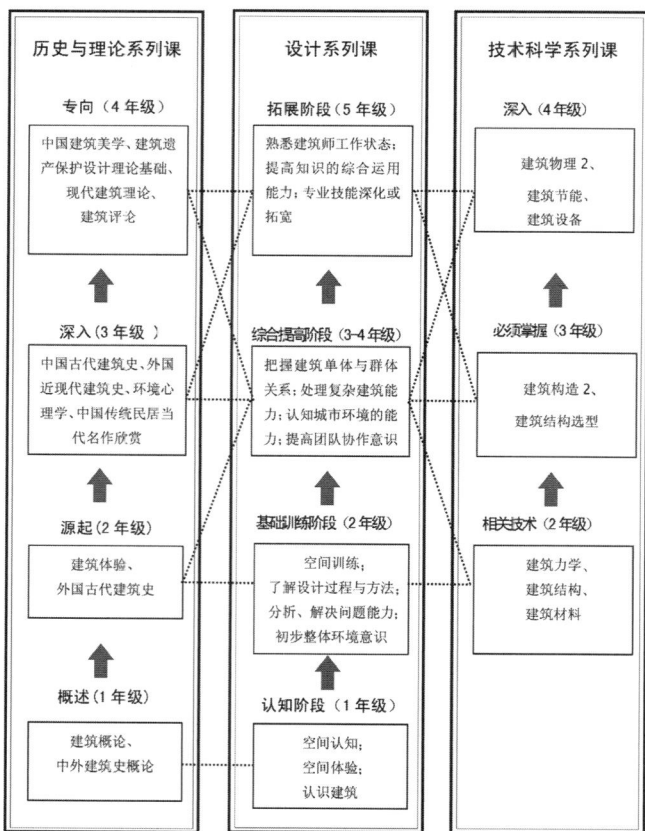

图2　教学体系框架

合设计思考培养学生建立建筑的结构与构造概念；四年级通过设置"建筑物理"、"建筑构造2"、"建筑设备"，同建筑历史理论、城市史理论、建筑设计与理论等方面的课程共同形成了完整的课程体系，即设计、历史、技术课程互为支撑的框架体系（图2）。

3 "三个主体"——校、企、师生共同实践的关联平台

正如上述提到的，无论是专业教育评估指导下的建筑学专业学生的培养，还是卓越工程师计划下的卓越建筑师的培养，其核心内容是一致的，两者在学生能力与素质、知识结构与体系的要求相同，所不同的是"卓越计划"在工程实践方面的要求更高并且要保证实施效果。卓越工程师计划要求参加"卓越计划"的学生累计有1年时间（不少于32周）在企业学习；要求毕业设计的题目来自生产实践，并由校、企双方导师联合指导并在企业完成；要求校、企联合共建工程实践教育中心；要求专、兼职教师队伍建设；学校或专业有计划地选送教师到企业工程岗位工作1~2年；高校从企业聘请具有丰富工程实践经验的工程技术人员和管理人员担任兼职教师，承担教学任务。此处，参加"卓越计划"的学生在4年内，有6门专业课由具备5年及以上企业工作经历的教师主讲[3]。对于实践能力的培养与思考一直是建筑教育的重要问题。应用技术性的特点要求教育体系中实习、实践环节的设置，但由于工程项目周期短及实时变化，成熟且有经验的企业建筑师的工作繁忙，学校教师精力有限，就设计院实习与考研准备的冲突等等原因，使得建筑学专业实践，尤其是在与企业之间的协调关系方面难以顺利完成。

影响学生工程实践能力的提高的三个主体——学校、企业、人（师生）——在实践执行与落实上各自有其特点与限制，因此建立相应的平台实现三个主体的协同是保证工程实践能力的有效措施。我校通过"四研一馆两院"实践平台的搭建，以及国家工程实践教育中心、省工程实践教育基地的建立，为师生创造了工程实践的条件。

3.1 学校实践平台的搭建

"四研一馆两院"是我校建筑学专业学生的学习与实践的大平台，"四研"包括天作建筑研究院、地域建筑研究所、建筑节能研究院、新建大规划设计研究院；四个研究院针对建筑学领域的内容进行深入研究，在建筑创作理论、地域建筑设计理论、建筑节能以及城市设计方向具有较高的学术理论水平及较多的科研与应用成果，学生可以依托研究院完成工程设计与学术研究。"一馆"指的是建筑博物馆，建筑博物馆是我国唯一一个专业类建筑展示馆，是集收藏、研究、展示、教学服务为一体的博物馆，是面向社会的建筑科普基地，也是建筑学科教师和学生学术交流的实训基地；"两院"指的是建筑与规划学院及建筑设计研究院，一个是教学基地，一个是实践基地。在高年级的教学过程中，建筑设计院会结合实际题目进行工程讲座，在毕业设计中抽调多名建筑师指导毕业设计。建筑学院的教师依托建筑设计院进行建筑实践，学生完成实习实践，两院共同进行卓越建筑师的培养。

3.2 企业实践基地的有效承接

设计院实习以及毕业设计的效果与设计企业的严格管理与组织有密切关系。我校与国内20余家设计院建立了实习基地，特别与中建设计总公司东北建筑设计研究院成立了国家工程实践教育中心，与辽宁省建筑设计院成立了辽宁省工程实践基地。双方成立了双导师合作组织，定期组织研讨，相互反馈，及时交流。此外，我校是辽宁省建筑类院校的主体单位。这些都极大地促进了我们建筑教育工作的多方位开展。

3.3 师生工程实践的教学作用

学校实践平台的搭建与企业实践基地的承接保证了师生实践的有效实施。近几年，教师的实践项目逐年增加，特别针对辽宁渤海经济带、国家沈阳经济区、沈阳盛京皇城保护与改造等项目完成了大量工程实践，其中4项成果获得了中国建筑学会奖，30余项获得了辽宁省优秀勘察设计奖。学生跟随教师的实践项目通过毕业设计或者研究论文形式参与其中，提高了他们工程实践能力的同时，也有效地促进了三个主体的融合与积极性的提升。

注释：

[1] "卓越工程师教育培养计划"申报工作研讨会会议资料. 教育部高等教育司, 2010年12月.

[2] 吴怀宇, 程光文, 丁宇, 龚园. 高校学生创新能力培养途径探索 [J]. 武汉科技大学学报（社会科学版）, 2012(03).

[3] 卓越工程师计划基本要求, 2010年12月.

作者：付瑶, 沈阳建筑大学建筑与规划学院 副院长, 建筑系主任, 教授；张伶伶, 沈阳建筑大学建筑与规划学院 院长, 教授

入门阶段的去类型化教学思考

王靖　戴晓旭　武威

The Thinking of Untyped Teaching in the Introductory Phase of Learning

■摘要：本文通过对建筑学专业入门阶段教学特征的梳理，结合教学经验，阐述以去类型化为特征的教学改革思考，以及以空间组织为整个阶段教学核心，四个循序渐进的课程模式设置。

■关键词：建筑教育　入门阶段　空间组织

Abstract: Combined with teaching experiences, this paper combs the teaching characteristics in the introductory phase of architectural learning and elaborates the thinking of untyped teaching. And it also proposes a curriculum model with the four progressive program settings, which takes spatial organization as the core of entire teaching stage.

Key words: Architecture Education; Introductory Phase of Learning; Spatial Organization

所谓入门，即是找到学习的门径。

常言道：师傅引进门，修行在个人。这其中的"进门"，和本文中的"入门"，实为同一所指。从这俗语不难理解，师傅交给徒弟的，便是一种修行的方法，倘若深谙此法，便可独自领悟，努力修行去了。

建筑学专业和其他专业类似，却也有自身的特点：首先，建筑学是文理科兼顾的学科，既有技术要求，又需审美修养；其次，建筑设计更是理性与感性交织的过程，其中的黑箱思考，难窥真容；最后，建筑的创作构思虽是个人行为，而建筑项目的最终实施，却是专业庞杂，是团队协作的倾力结果。

从中不难得知，要想在建筑领域学有所成，绝非易事。

这也不难理解，为何建筑学的莘莘学子，要如治病救人的医学专业学生一样，花掉5年的时间，方可修本科学历。

如此困难重重，任务艰巨，建筑学的教育就显得任重道远。这其中，入门阶段的教学，则更加首当其冲。

我院的建筑学专业本科教育，在继承传统教学经验的基础上，锐意改革，5年以来先是理顺整个教学主线，又依次明确各个阶段的教学大纲，提出基础、入门、综合、拓展四大阶段，各个阶段进一步钻研教学方法，形成了较为鲜明的教学特点，并且屡出成果，令人欣慰。

入门阶段，因为关乎学生能否习得正确的设计方法而在各个阶段之中显得尤为重要，自然也是教学改革的重点所在。

类型化

所谓类型，即是具有某种共同特征的事物所形成的种类。在传统建筑学教学观念中，我们习惯以功能要素为参照，对建筑进行比对和筛选，将功能相同或相近的建筑作为一种类型，设置成教学题目，进而形成教学框架的核心。

当学生经历了一年级的基础教学之后，便迎来了二年级的入门教育。这些对建筑一知半解、懵懂彷徨的学生，初次接触建筑设计，定是一头雾水，却也信誓旦旦。

按照传统类型化的教学方式，第一个设计往往是"休闲驿站"、"公厕"、"茶室"等小型建筑，学生们容易一头扎进这些类型建筑之中，思索怎样的茶室才会体现茶道的精髓。紧接着，"小别墅设计"、"幼儿园设计"、"活动中心设计"等等一系列类型化的题目接踵而至，直至学生毕业。学生到了实践工作中，接到一个"法院"项目，便一头冷汗，心中埋怨学校为何不去设定这个类型，如今却让自己无从下手。

这里便会出现一个误区，安排类型化的题目，其初衷并非一个个类型去教，只是为了让学生能够举一反三，学会设计方法。可学生并未理解课程安排的目的，大都买来各种类型建筑书籍，掌灯研读。这也怨不得学生，更怪不得教师，还是教学目的含混，手段陈旧所致。

由此可以看出，传统类型化教学在当下建筑业发展背景中，已经暴露出不容忽视的弊端。此外，随着科技的进步，社会的发展，建筑业日益

呈现出多元态势，建筑设计思想日新月异，新的建筑类型更是层出不穷。以类型化为基础的建筑学教学思想，显然已经远远滞后于建筑业的发展，以此培养出的学生，难免受困于功能至上的类型化思维惯式的束缚。

去类型化

鉴于这些问题，院系领导与二年级教学组讨论多次，经过几年的不断调整与深化，最终确立了注重传授设计方法，探讨建筑本质问题的，入门阶段去类型化的教学模式。

去类型化的教学思想，便是针对类型化教学习惯的反思。去除设计课程中的建筑类型名称，以明确的教学目的作为核心，让教师和学生能够在教与学的过程中有的放矢，少走弯路。

我院二年级入门级段教学，以空间组织为核心，提出了"简单空间布置设计训练"、"独立居住空间设计训练"、"单元空间组合设计训练"和"小型展览空间设计训练"四个渐进的课程框架。不同课程之中，又提供多个支撑的可选题目，并且这些题目与时俱进，每年更换；题目选取的标准，则是能否达到课程的教学目的（表1）。

这四个课程的设置贯穿整个学年，循序渐进，承上启下，从空间尺度等基本概念入手，由浅入深地引导学生探寻建筑的本质，建立正确的设计方法，从而达到引导学生"入门"的最终目的。

简单空间布置设计训练，重在二维空间的划分。这是入门阶段的第一个课程，以小型餐饮类建筑为题目依托，如"茶室"、"冷饮厅"、"网吧"等等，都可供学生自由选择。建筑规模不大，通常控制在200m²以内。课程要求学生以人体尺度为依据，对建筑空间进行限定，尤其重视二维空间平面的划分。在所有支撑题目中，都明确规定了不同属性的空间类别，其中既有开敞使用空间，又有半私密的交流场所，更有半室外空间的限定

建筑学专业二年级建筑设计课程安排简表　　　　　　　　　　表1

设计课程	教学目的	支撑题目（自选）	要求
简单空间布置	水平向空间划分；人体尺度；简单自然环境应对	休闲驿站、湖畔茶室、校园书吧	规模：150m² 时长：8K+1 集中周 图纸要求：手绘制图
居住空间设计	垂直向空间划分或院落空间组织；人体尺度；动静分区简单环境应对	旧城中的宅院、坡地上的别墅、夹缝中的蜗居	规模：300m² 时长：8K+1 集中周 图纸要求：手绘制图
单元空间组合	空间组合；行为心理；服务与被服务；城市简单环境应对	全日制六班幼儿园、青少年创意工坊、社区老人俱乐部	规模：2500m² 时长：8K+1 集中周 图纸要求：手绘制图或电脑制图
展览空间设计	空间组合；空间衔接；空间游走；空间四维意识；城市文化环境应对	自选展览内容	规模：4000m² 时长：8K+1 集中周图纸要求：手绘制图或电脑制图

教学设置
以空间组织训练为主线

整体体系架构

建筑学的本科教学是一个循序渐进的过程。在五年的专业教学中，我们将其分为基础训练、设计入门、综合提高和专业拓展四个阶段。不同的教学阶段以不同的教学重点为训练核心，从而以此设定了空间认知单元、空间组织训练单元、空间建构单元、空间整合单元、建筑专项设计深入单元和建筑综合与实践单元留个阶段性的训练单元。二年级处于整个建筑学专业教育的入门阶段，这一阶段中，以建筑空间组织训练为主线的教学体系设置，是在一年级抽象空间认知训练基础上的递进与延伸，是三年级城市尺度的空间整合单元训练的基础和前提。单元式空间组合设计是二年级第三个设计，在空间组织基础上加入了对使用者行为模式的考虑，使学生建立以人为本的设计理念。

基础训练(一年级)	Spatial Cognition Unit 空间认知单元		分项
设计入门(二年级)	Spatial Organization of Training Unit 空间组织训练单元 设计1 简单空间布置训练　设计2 居住空间布置训练　设计3 单元空间组织训练　设计4 展览空间组织训练		综合
综合提高(三年级)	Spatial Integration Unit 空间整合单元		综合
综合提高(四年级)	Specific In-depth Design 建筑专项设计深入		分项
专业拓展(五年级)	Architectural Comprehensive - Practical 建筑综合与实践		综合

课程教学目的

通过64+1k学时的单元空间组合设计训练，使学生树立以人为本的设计理念，建立从分析使用人群的行为活动特点及关注使用者心理需求出发的设计思维。通过对不同年龄人群行为模式的学习，使学生掌握北方六班全日制幼儿园、少年活动中心、青年创意工坊和社区老年俱乐部等典型单元式空间建筑的设计原理及方法，培养对复杂空间的组织能力，并进一步强化徒手制图和模型制作能力。

课程题目选择

北方六班全日制幼儿园	少年活动中心	青年创意工坊	社区老年俱乐部
训练要点 幼儿行为模式 建筑场地关系 功能流线组织	**训练要点** 少年行为模式 功能流线组织 空间形态丰富	**训练要点** 青年行为模式 灵活空间布置 注重交往空间	**训练要点** 老年行为模式 动静分区合理 建筑环境协调
设计内容 1.总建筑面积1800~2000㎡。(上下浮动10%)。 2.班室130㎡，6个（活动室50㎡，寝室50平米，卫生间15㎡）。 3.音体活动室1~120㎡。 4.服务用房120㎡(医务室12㎡、隔离室8㎡、晨检室12㎡、办公室12㎡3个、资料室15㎡、厕所15㎡)。 5.供应用房110㎡。 6.每班设置不小于60㎡的班级室外活动场地，全园设置不小于280㎡的集中活动场地。	**设计内容** 1.总建筑面积2000~2200㎡。(上下浮动10%)。 2.普通教室120~140㎡，6个（功能可自行设置）。 3.多功能厅一个200㎡。 4.阅览室120㎡、舞蹈教室120㎡，网络机心120㎡各一个。 5.办公区 办公室12㎡、资料室12㎡、办公室12㎡4个，资料室15㎡。 6.餐厅及相关用房200㎡。	**设计内容** 1.总建筑面积2000~2200㎡。(上下浮动10%)。 2.工作室160㎡，6个（包括工作区100㎡，工作间10㎡，衣帽间7㎡，储藏间10㎡）。 3.多功能厅一个200㎡。 4.多功能会议室一个80㎡，小会议室3个40㎡。 5.辅助用房120㎡(医务室12㎡、办公室12㎡4个、资料室15㎡、厕所15㎡)。 6.量考虑休闲娱乐、展览及交流用房。	**设计内容** 1.总建筑面积1800~2100㎡。(上下浮动10%)。 2.棋类活动室120~140㎡，6个，功能自行设置，要求动静分开。 3.综合活动室一个150㎡。 4.阅览室120㎡，安静无障碍卫生间。 5.服务用房120㎡(医务室12㎡、办公室12㎡3个、资料室15㎡、厕所15㎡)。 6.有不小于300㎡的室外场地。 7.供应用房100㎡。
设计要求 1.功能分区明确，流线组织合理。满足幼儿园建筑在学童生理、心理、安全、卫生保健及管理等方面的综合需要。 2.建筑空间及形体组合丰富多彩，造型新颖，创造符合"童心"特征的建筑形式和空间环境。 3.做好室外活动场地的设计，使建筑的外部空间协调温馨，让学童充分享有阳光和空气。 4.空间及设施符合儿童的人体尺度要求。	**设计要求** 1.布局明确，功能合理，流线顺畅。满足教育文化建筑在少年行为及心理等方面的综合需要。 2.建筑空间及形体组合灵活多样，简洁明快。创造积极向上、蓬勃朝气性格特征的建筑形式和空间。 3.充分满足少年对各种文艺、体育活动的需求，做到丰富且特色鲜明。 4.空间及设施符合少年的人体尺度要求。	**设计要求** 1.功能布局合理及流线组织合理，满足青年所需的建筑功能及搭建流通交流流畅的空间。 2.建筑空间富有创意，丰富时尚，符合当代青年人的行为模式和心里需要。 3.空间的多种可能性是建筑设计的重点，也应充分考虑空间的可变性。 4.尽可能为使用者提供交流的空间与机会。	**设计要求** 1.满足老年人的生理、心理、安全、卫生保健及管理等方面的需求。功能分区明确，动静分开，流线组织合理。 2.建筑形式符合老年人行为，体量组合避免过于复杂，营造出安逸、平和的建筑形式和空间环境。 3.空间及设施符合老年人的特殊要求。

教学过程
以阶段教学要求为组织
以一个64+1K学时设计题目为例的教学过程图示

阶段	学时 (64+1k)	授课方式	授课重点	课下要求
设计原理讲述	4	年级公共课	题目的基本设计原理、地段状况、实例分析	布置场地及资料调研的任务与要求
行为模式讲述	4	年级公共课	各年龄人群行为模式、相关实例讲解	课下完成A1图版大小的资料与场地调研报告
调研报告讨论	4	班级公共讨论	调研报告资料分析的合理性和资料内容充实度	课下小组完成选址基地环境模型
构思设计指导	12	单独指导	设计构思把握、总平面的草图绘制、草模制作	课下完成构思草图、总平面草图、体量草模
构思设计讨论	4	班级公共讨论	从环境分析到构思草图的检验、题目创造思维	
深入设计指导	16	单独指导	功能分区、交通流线、空间体量、二草绘制	课下完成平立剖面设计草图、形体空间模型
深入设计讨论	4	班级公共讨论	内部空间的、体块草图、模型深入与设计方法	
完善设计辅导	12	单独指导	立面形式、材料选择、细部节点、规整制图	课下完成平立剖图工具草图、立面完善模型
完善设计讨论	4	班级公共讨论	规范制图定准表现方式、正图、正模表达方式	
成果表达辅导	1K	单独指导	布局、表现方式与技法、模型制作与拍摄	集中周最后一天下午17点整交图

设计原理讲述

设计题目公共原理讲述课，4学时。设置为单元下每个设计题目教学初。内容包括设计任务书、功能要求、基本设计原理、不同用地特征和用地选取原则、设计过程与成果要求以及实例与范图讲解。

行为模式讲述

行为模式公共讲述课，4学时。授课过程中主讲教师详细讲授各年龄阶段人群的行为模式特征，结合实际案例讲述使用者的行为模式对建筑功能和形式的影响，诱导学生站在使用者角度的对建筑进行构思和设计。通过综合讲述，引导学生自主选择希望研究的建筑使用人群并确定建筑选址。

现场环境调研

根据学生选择模块情况，形成教学小组，由指导教师组织学生进行实地环境调研，课下进行。调研内容包括区域环境整体认知、区域内重要建筑、街道场所的重点调研、区域内主要人群构成等。

设计过程指导

应合理把握学生设计过程，依据不同阶段设计要求，检查设计进度，阶段学时依据总学时调整。每个设计题目的教学过程应包含：调研报告公共讨论；初步构思设计辅导；初步构思公共讨论；构思深入设计辅导；深入设计公共讨论；方案完善设计辅导；完善设计公共讨论；设计成果表达辅导。

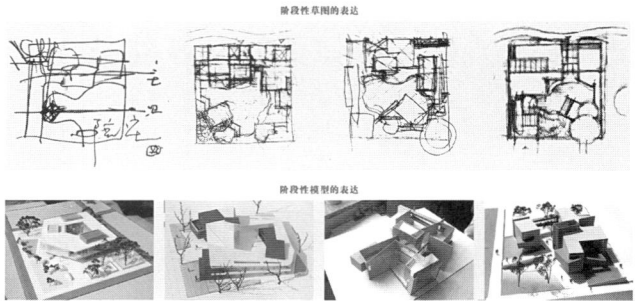
阶段性草图的表达

阶段性模型的表达

构思设计讨论

根据各阶段设计情况，对学生方案进行讨论，讲解学生设计中存在的问题，制定下阶段设计目标和进度，促进学生间、师生间的交流。并可根据学生兴趣，对相关建筑背景知识进行主题讲述。

设计成果评定

设计成绩是对学生学习态度和设计能力的综合反映，其由设计过程成绩（30%）、设计成果成绩（40%）和方案答辩成绩（30%）三部分构成。本着注重师生互动、资源共享的原则，成果评讲包括答辩公开点评、班级内部讲评和年级集体展评三个环节，强化班级内、年级内及年级间的沟通交流。

学生作业选案

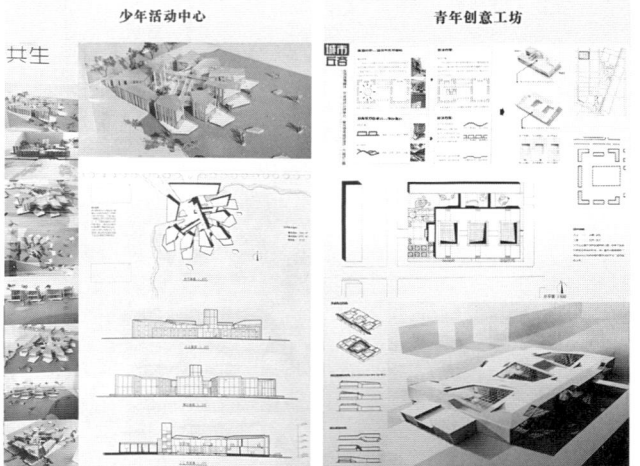

少年活动中心　　　　　　青年创意工坊

教师点评：作者较好的利用了临河的自然环境特征，充分考虑了青少年行为模式和心理需求，以错落的建筑体量与环境积极对话，形成了富有童趣的建筑聚落，模型表达较深入。

教师点评：方案以铁西工业旧区环境模块为背景，在工人村中设计了一个以院落组织和单元空间的青年创意工坊。设计构思深入，空间活跃，符合青年行为要求，模型表现力强。

(a)　　　　　　　　　　　　　　(b)

图1　行为模式指引下的单元空间组合设计教案

(2013 全国专指委优秀教案，张龙威、王靖等)

(a)

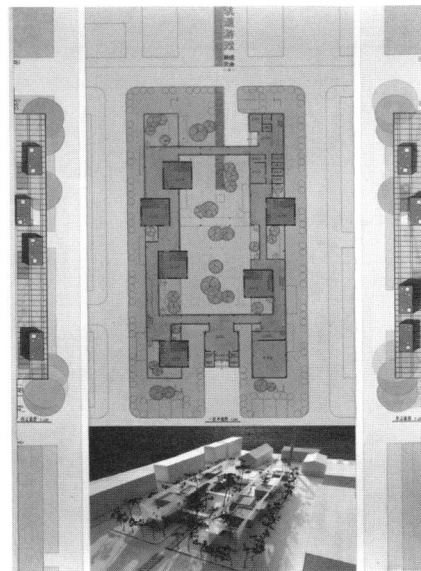

(b)

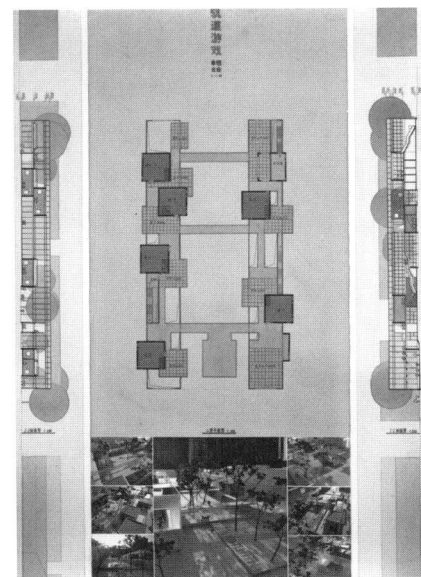

(c)

图2　轨道游戏——全日制六班幼儿园设计

（作者：梁瑜；指导教师：王靖、武威；获2013全国专指委优秀作业）

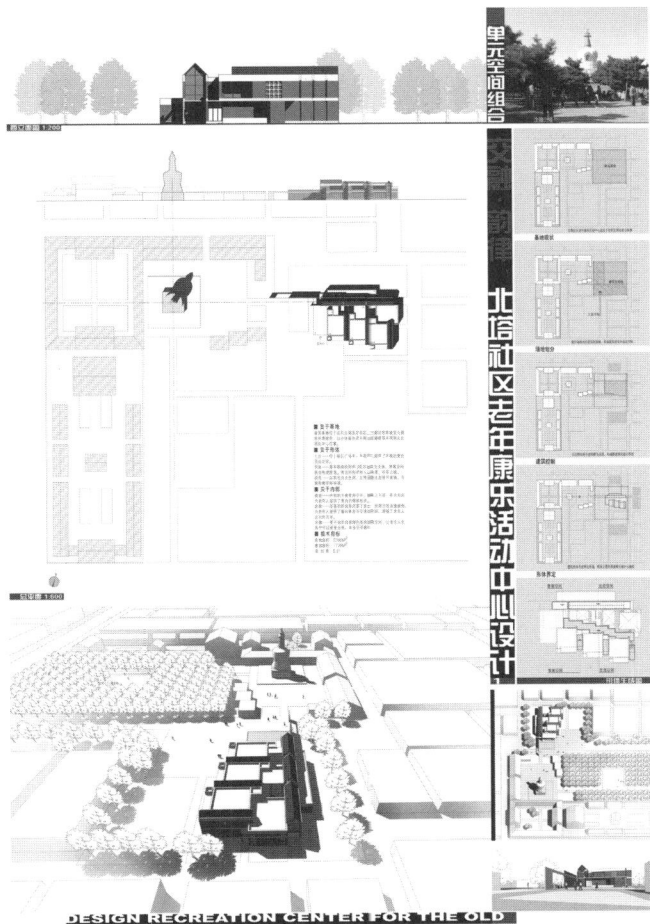

(a)

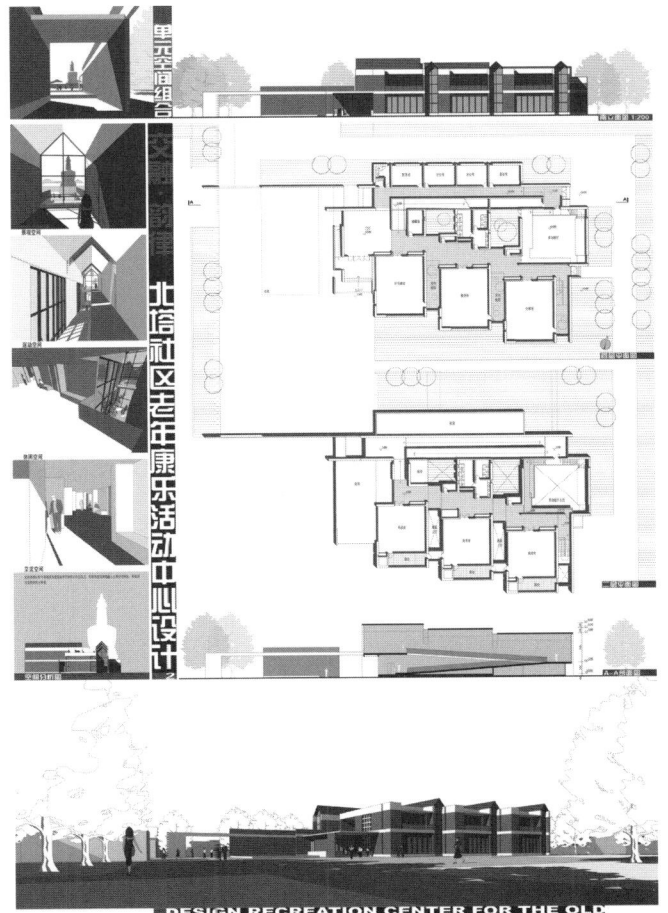

(b)

图3　交融·韵律

（作者：黄娜，指导教师：张龙威、李燕；获2013全国专指委优秀作业）

内容。除此之外，空间之中的桌椅板凳，需要认真摆放，从而进一步地体会人体尺度的重要性。

独立居住空间设计训练，重在垂直空间的组织。本课程是从传统小别墅建筑演化而来的。在课程的调整过程之中，我们更多结合了当下城市发展与社会结构特征，提出了"旧城中的宅院"、"坡地上的别墅"、"城市缝隙里的蜗居"三种可选类型。宅院是上一课程的延伸，将内部空间划分，扩展到外部院落组织上，并且附加了对传统院落空间模式的研究。"坡地上的别墅"和"城市缝隙里的蜗居"，则是通过对用地的规定，约束学生探讨垂直空间的组织问题，也就是从二维的平面划分跨入三维的空间塑造之中。"坡地上的别墅"对坡度有具体的要求，往往不可小于1：3。"城市缝隙里的蜗居"，则是选取两栋建筑之间的空隙，面宽限定在6~8m，学生只有通过垂直空间上的划分与利用，才可保证居住空间的使用要求。

单元空间组合设计训练，重在单元空间的组合。课程提取了幼儿园建筑类型中的空间本质，以"全日制六班幼儿园"、"青少年创意工坊"、"社区老人俱乐部"为题目依托。这些具体的建筑类型，都具有单元空间的特征，使学生从一个建筑单体的推敲，步入多个体块组织的过程之中。单元空间虽然重复，但组织这些空间的方法却多种多样，既有廊式串联，又有中庭统领，更有庭院衔接。除此之外，不同功能分区也在这一课程中加以强调。尤其需要指出的是，与上一课程关注社会问题有所不同，这一题目引入了对主体行为心理的研究，无论是幼儿、青少年还是老人，都有本年龄段人群的心理和生理需求，所设计的建筑，自然需要关注这类问题（图1～图3）。

小型展览空间设计训练，重在不同空间的衔接。作为二年级的最后一个课程，小型展览空间设计是对整个阶段教学的总结和提升。展览空间自由多变，学生可以充分发挥创造力，塑造不同尺度、不同氛围的展览空间。同时，组织展厅的方式更加灵活多样，既有供观展者自主选择的放射式，又有叙述完整的串联式，也有多种方式并用的组织办法。空间的塑造，流线组织方式的选取，都和学生选定的展览主题密切相关。而这些主题的选择，只要和基地环境没有冲突，教师都会遵从学生的提议，学生也在这一过程之中，对空间塑造投入更大的热情。

四个教学目的明确的课程设置，使教师淡化了传统的类型建筑的授课意识，更加注重空间组织方法的传授。而这恰恰是建筑设计最为终极的目的，也是学生得以入门的那道门槛。

作者：王靖，沈阳建筑大学建筑与规划学院，建筑系二年级教学组长，副教授；戴晓旭，沈阳建筑大学建筑与规划学院　讲师；武威，沈阳建筑大学建筑与规划学院　讲师

"情境式教学方法"在建筑设计基础教学中的思考

沈欣荣　满红　王靖

Application of "Situational Teaching Method" in Fundamental Architecture Design Class

■摘要：本文阐述了近年来我校对建筑设计基础课程的教学改革，将培养学生创新能力和解决问题能力作为目标，探索并运用"情境式教学模式"，将环境因素置入系列基础训练题目，引导学生进行观察、认知、分析并运用等全方位思维训练和操作训练，以期达到对建筑学初学者思维进行有效训练的教学成果。

■关键词：情境式教学　建筑设计基础　思维训练　创新能力

Abstract：Aiming at cultivating students' innovative ability and capacity of solving problems, this paper discusses how the mode of "Situational Teaching Method" is employed in Fundamental Architecture Design class. The factor of environment is utilized in several design programs in order to develop students' overall ability to thinking and practice, in the way of observation, cognition, analysis and using in design, by which the beginners of architecture are expected to be trained effectively.

Key words：Situational Teaching Method；Fundamental Architecture Design；Train of Thinking；Innovation Ability

1.前言

建筑设计的专业特点，决定了它是一种创新性活动，需要设计者的创造力。建筑学教育，作为一种创造性教育，是以培养人的创新精神和解决问题的实际能力为基本价值取向的教育。将建筑学初学者的思维模式从单一理性启发成开放式思维，是教育者需要思考的关键。

近十年来，随着对建筑设计基础教学内容和方法的尝试性实践和改革，各校纷纷探讨以培养设计思维为导向的建筑设计基础教学模式，各校间也形成了广泛的交流和学习态势。我校早在20世纪90年代早期，就已经加入了以构成训练为主题的思维训练内容，逐渐形成了基本技法训练和构成训练两者并重的教学体系（图1）。

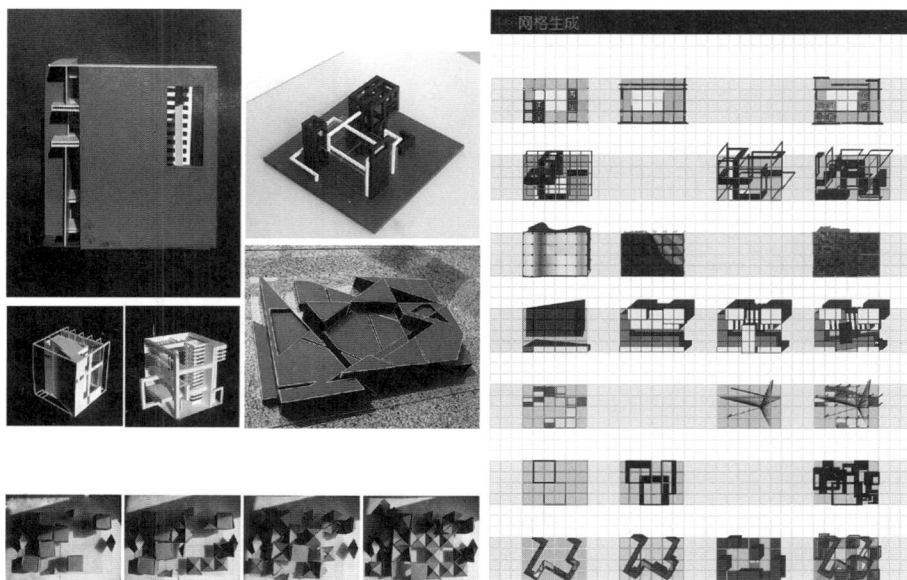

图1 学生作业——构成作品

但是我们逐渐发现，这样的形式训练也有一定的缺陷：一是初学者对纯形式的训练难以灵活运用到方案设计中，只是僵化地套用形式，因缺少创新的依托而丧失了感染力；二是思维的创造性训练不只是对形式本身的训练，更多的是对形式发生根源的追溯，是对解决问题能力的训练，以及一种基于环境与条件的创新性突破。

近些年，情境式教学方法在教学中被广泛应用，这种教学方法主要指的是充分利用或创设典型生动的形象或场景，把认知活动和情感活动结合起来的一种教学模式。其目的是为了激发学生的认知冲突和学习兴趣，引导学习方向，开拓设计思维，达到较好的学习效果。

这种教学方法更适合建筑学专业学习的感知特点，特别是对于初学建筑学的学生来说，将直观知觉环境引入教学，通过环境体验与认知，能加强对空间的理解。通过带入或创设情境，在教师的引导下，作为设计者的学生对环境会发生观察、探知、发现、感悟、操作、体验等一系列的行为。这些行为又促动了设计者在头脑中进行思维上的综合和处理，进而思维的开放性得以被开发出来，创新性得到一定的发展，学生学习的主体地位也得到了提升。

2.环境置入的课程体系梳理

基于对以上问题的思考，我校自2009年结合建筑设计基础课程前置到第一学期，对该课程的教学内容和课程体系进行了调整与梳理（图2，表1）。新的课程体系有以下几个特点：以全方位能力培养为目标，包括艺术鉴赏能力、构绘表达能力、创新构思能力、合作交流能力等；以环境置入为思考出发点和落脚点，引入情境式教学方法为手段，提高学

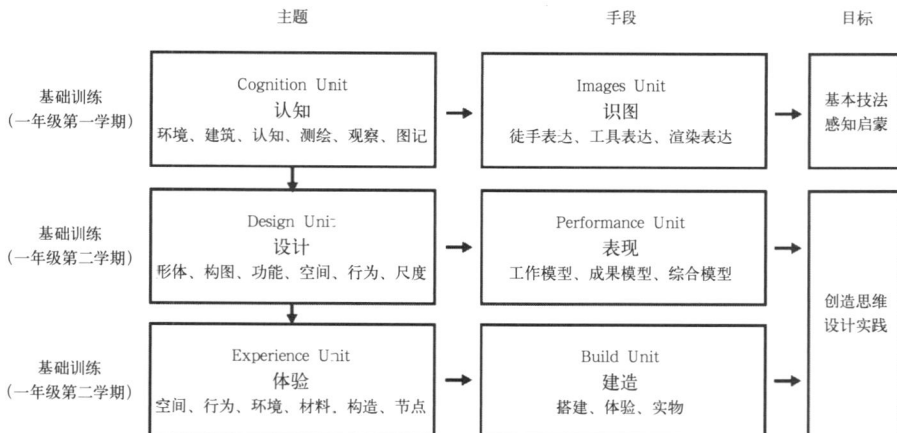

图2 建筑设计基础课程体系框架图

建筑设计基础环境置入课程内容框架图 表1

单元	基本技法		摄影重构		设计与表现																建造与体验												
题目	建筑认知		摄影重构		模型展示装置设计						讨论与展评空间设计										实体搭建设计												
阶段	感知启蒙		构思表达		形式创造				深入表达		行为尺度				空间引入				深入表达		场地构思		材料构造						搭建体验				
学时	8		8		24						40										52												
学时	4	4	4	4	4	4	4	4	4	4	4	4	4	4	4	4	4	4	4	4	4	4	4	4	4	4	4	4	4	4	4	4	4
周次	（第一学期）		（第二学期）		第一周		第二周		第三周		第四周		第五周		第六周		第七周		第八周		第九周		第十周		第十一周		第十二周		第十三周		第十四周		第十五周
内容	实地踏勘 感知空间	设计表达—绘制成图	摄影的意义及方法	设计表达—拍摄照片	产品艺术品建筑形式分析	形式构思展架的具体形式	实体与形式间的内在联系	领域感、视线、视距分析	母题与变化 细节处理	设计表达—绘制成图	讨论与展评的构思	行为与空间尺度构思	人心理 物理 生理对空间尺度的要求	活动与尺度构思	根据行为活动划分空间区域	区域划分 家具引入	空间限定 界面特征及围合形式	实体与空间的图底关系	设计整合 细节考虑	设计表达—绘制成图	场地 行为 空间的思考	实地行为调研 注入环境 行为意识	场地构思 选取搭建基地	草模推敲 深化方案	小组讨论 确定方案	市场调研 选择材料	探讨构造 制作节点	方案调整 准备制作工具材料	制作实体构架	制作连接杆件	组合构件 形成整体模型	进一步修整 强化空间行为	感受实体模型 体验搭建空间
方式	讲解	辅导	讲解	辅导	讲解	辅导	讲解	辅导	讨论	辅导	讲解	讨论	辅导	辅导	讨论	辅导	辅导	讨论	辅导	讨论	讲解	辅导	辅导	辅导	讨论	辅导	辅导	讨论	辅导	辅导	辅导	辅导	讨论
成果	表现图		照片		草图/模型		草图/模型		表现图/模型		分析草图	草图/模型		草图/模型		草图/模型		表现图/模型			分析草图	草图/模型			1:1构造节点	实体模型							体验

生参与设计的兴趣，促进学生多角度设计的思考；课程内容设置和教学过程控制的系统性和过程化，细化分项训练，内容从平面图形的识读、模型的辅助思考，到实体搭建与空间体验，体现在知识由浅入深的综合运用。

对于初学建筑设计的学生来说，更多的是坐在教室里，面对着黑板、图板和平面印刷的书籍资料来体会实际的建筑空间。尽管已经设置了模型构成手段的思维训练内容，但抽象化的构成模型对于初学者来说，仍旧仅仅是一个强调形式化的模型而已，与建筑空间之间仍旧存在太大的断层。因此一旦加入建筑的功能和人的行为使用之后，学生便将所谓的空间形式丢弃得无影无踪。其原因在于缺乏实际环境介入的直观刺激，导致平面表达与建筑空间之间不能直接关联，学生需要具有很强的空间想象力和抽象能力才能掌握，这对于初学者是很困难的。因此我们将学生熟悉的建筑环境，引入设计题目中，通过从使用者转换成设计者的身份，从专业分析和设计的角度，重新观察和思考环境及设计条件，发现问题和设计构思点，并依此设定设计问题，开始设计的第一步。

在新的课程内容设置中，借鉴了情境式教学方法，将环境因素置入到设计训练题目中。从认知空间到设计场地，引入了实际校园建筑环境，包括教学楼庭院、博物馆空间、书吧室内、设计教室室内空间等，几乎贯穿了整个课程体系。

3.环境置入的几个课程内容设置

我们在建筑设计基础的几个课程训练题目中，引入了对"环境"要素的关注，分别在"建筑认知"、"摄影重构"、"模型展示装置设计"、"讨论展评空间设计"、"实体搭建设计"等几个训练题目中予以应用。

一般来说，情境式教学方法在运用过程中，主要有带入情境、凭借情境、创设情境和体验情境等几个过程和手法。以下就我校建筑设计基础课程的内容设置分别进行阐述：

（1）带入情境——"建筑认知"

在启蒙阶段加入"建筑认知"内容，将初学者直接带入实际建筑情境中，建立空间概念。在2008级本科生中，选定两个教学班进行了"建筑认知"实验教学。认知对象选取了城市中几个典型的优秀建筑，包括商业购物中心、儿童活动中心、图书馆，要求学生以设计小组的形式，合作完成踏勘分析图（徒手墨线绘制）。这些优秀实例庞大而丰富的体量和空间，能够给初学者深刻的感染力，快速建立起空间的尺度感和空间的逻辑关系。

从2009级开始，将"建筑认知"与"识图"和"测绘"共同组成一个教学模块，通过对真实建筑环境的认知，包括观察、测量、分析，使初学者对建筑空间中有关人的行为心理、空间的尺度、空间的要素、空间的布局等有更直观的感受，从而促使学生思考建筑空间产生的前提和需求，以及设计的出发点和设计成果的关联性。由于"建筑认知"内容与"建筑测绘"结合，而校外大型公共建筑不适宜作为测绘的对象，因此将认知和测绘的地点选在校内有特色的空间中展开，包括层高和空间变化的门厅空间，经过添加夹层

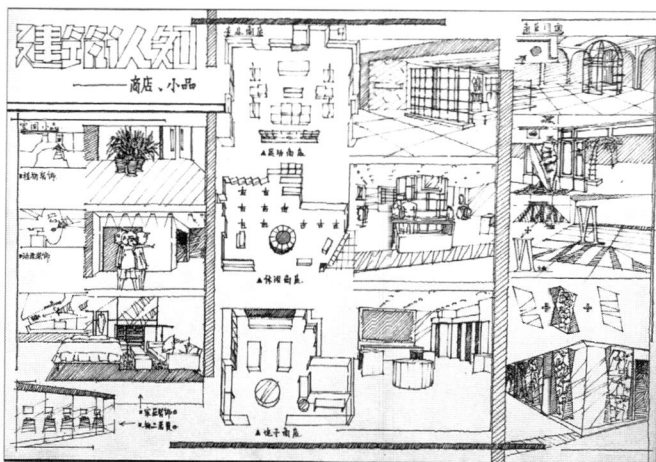

(a) 学生：周志鹏；指导教师：沈欣荣、辛杨　　　　　　　　　　　　　　(b) 学生：高杨；指导教师：王靖、潘波

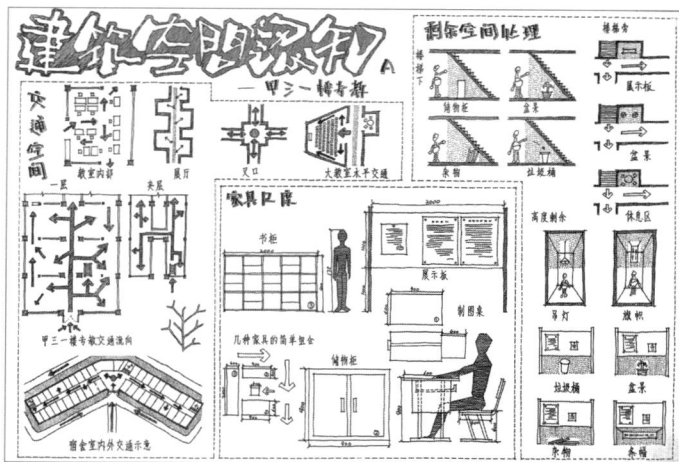

图3　学生作业——建筑认知

空间的专业教室，获得优秀室内空间设计奖的博物馆空间以及室外环境空间。

经过3年多的实践教学，这一内容的设置已经在学生进入高年级设计阶段体现出了良好的效果。多数学生体会到不仅对建筑空间的理解力增强，还能够很快进入专业思维，更重要的是找到了思考的出发点和思考的方法，这正是符合设计本质特点的方法（图3）。

（2）凭借情境——"摄影重构"

罗玲玲教授曾在执教我校建筑系学生时，将其创造力培养的方法有效运用到设计基础的教学中，特别是对于学生发散思维培养和创新思维培养尤有成效，提高了学生观察、分析和构绘设计的能力。她认为："培养创造力的一个重要的能力训练就是观察。对于建筑学生来说，观察一方面是培养美感、积累素材、理解建筑空间；另一方面，有意义的观察也是一种创造性的主动技术。"

摄影是一个提高视觉观察能力较迅速而又便捷的方法。近年来，我们尝试设置"摄影重构"训练，作为感知启蒙阶段的一个观察图记的作业。这个作业设定凭借的情境是我校校园建筑和校园景观，极具设计感的建筑和人文校园空间给学生提供了得天独厚的条件。学生用取景框去观察和截取优秀的构图、角度和色彩关系。这一作业设置的目的，一是使学生掌握一定的平面构图技巧和审美能力；二是训练学生观察的敏锐性和观察的习惯。这样的观察，不仅又是由眼睛参与的过程，同时也将观察和思考联系起来，将观察的过程作为有主动思考参与的过程，即眼看＋心想＋手绘，三者共同参与创造性活动，这一点正是作为建筑学学生必备的基本能力。

学生的初期作品多是具有主体和配景关系的、常规完整构图内容的照片。我们引导学生尝试探索新的构图思路，例如转换观察的角度，缩小观察的范围，变化观察的视点，注意从元素选取、构图比例、色彩质感、重点强调、对比协调等方面思考构图。我们惊喜地发现，校内环境竟然被截取出一个个陌生而优美的构图内容来（图4）。我们再从学生的优秀作业

图4　学生作业——摄影重构

中，筛选出适合于渲染表达的优秀摄影作品作为渲染的例图。在渲染的全过程里，学生仍旧要凭借情境，通过对熟悉环境的多次观察和形体色彩的确定，才能够准确而又生动地表达渲染的作品，观察和思考再一次被紧密结合起来。同时，对学生作品的选用和认可，也成为另一种学习积极性的动力。

（3）创设情境——"模型展示装置设计"、"讨论展评空间设计"

我校从 20 个世纪 90 年代开始强化设计基础课中的思维模式训练，经历了从早期关注图面和形式表现，到后期关注空间及行为的过程，曾经设置过"艺术名作平面构成转译"、"大师作品分析"、"九宫格空间构成"、"4×6 网格平面生成"等题目。这些题目更多关注的是对抽象形式的构图手法，不能全面而直接地感受到建筑空间和空间中的行为使用。在这种情况下，我们开始思考如何能将学生对形式的掌握与实际的设计结合起来。近年设定的两个具有实际使用功能的题目——"模型展示装置设计"、"讨论展评空间设计"，分别设定为对"形体—美感"和"空间—行为"的关注。设计的地点选在每日学习的专业教室，只限定选用面积，不局限位置，学生对设计位置的选取训练也作为培养学生观察和思考的方法之一。

这种环境置入并创设情境的内容设定，不仅促使了学生留心观察环境、努力发现问题、思考设计出发点，发散的个性思维也被激发出来。学生的个性思考和对多种环境条件的不同处理手法的运用训练，也带来了设计作品最终的多样化（图 5，图 6）。

（4）情境体验——"实体搭建设计"

题目内容设置：以"D1 庭院"（建筑与规划学院教学楼围合庭院）为真实搭建环境，由学生自由组建成 5～6 人的搭建设计小组，在庭院中选定 7m×7m 的地块作为基地，进行为期 7 周的设计与搭建训练，最终成果为搭建高度不超过 3m 的有顶遮蔽物。作品的主题不限，鼓励多样化的行为模式设计和对环境利用和处理的创新性。

本项训练内容的一个主要目的是让学生建立建筑与环境的基本概念，初步掌握处理建筑与场地关系的基本方法，关注庭院中人的活动和人的行为需求，并利用材料、构造等手段将实体搭建予以实现。在给定的约束条件中，对基地周围环境的考虑成为评判搭建设计构思优劣的主要因素之一。搭建的作品要能够为庭院创造积极的空间或景观，并

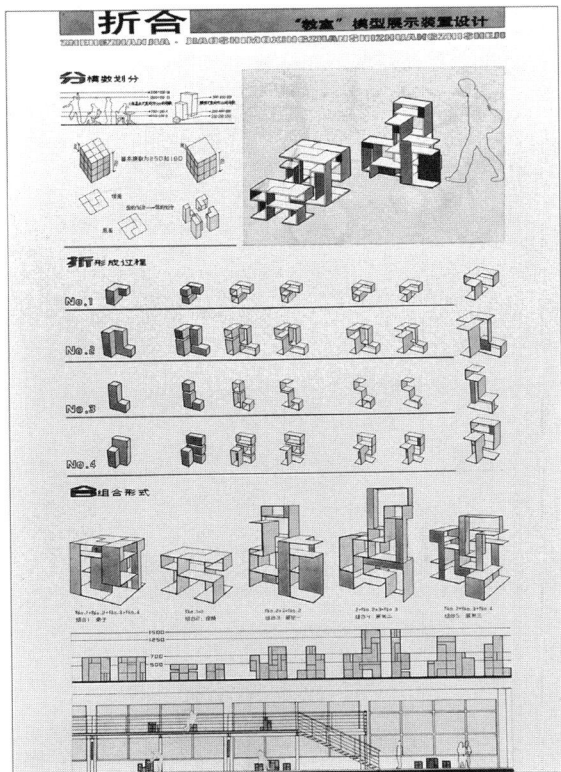

学生：戴坤；指导教师：王靖、杨胤

图 5　学生作业——模型展示装置设计

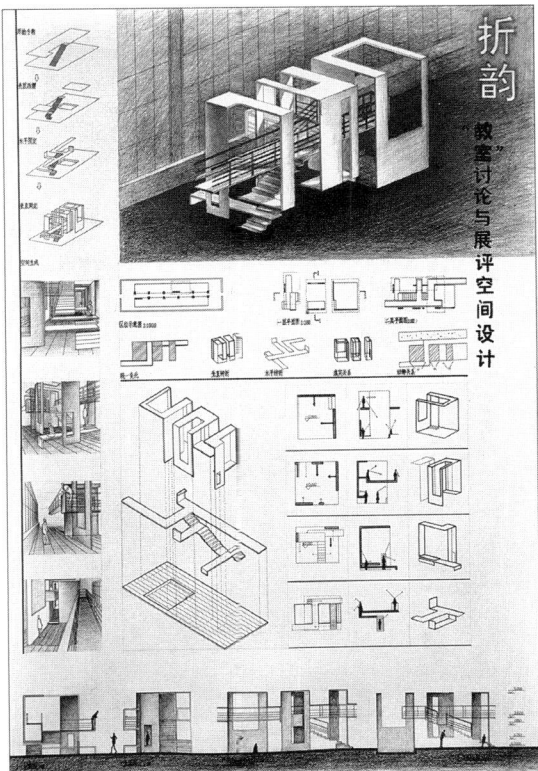

学生：王梦茹；指导教师：王靖、莫娜

图 6　学生作业——讨论展评空间设计

由搭建小组成员对搭建作品在生命周期内进行持续维护。

D1庭院（图7）中可供凭借和创设需求的环境条件：7m×7m的基地地块形状以正方形为主，因有一条贯通整个庭院的斜向路径穿过，有些地块被分割成不均等的梯形和三角形。地块是由铺地和树池的景观平面肌理自然界定出来的，地块间是宽度1m左右的地砖路径。地块中的要素各有差异，包括草地、地砖铺地、小乔木、花坛、雕塑、台阶、路径等。这些不同的场地条件也成为搭建作品构思形成的前提因素之一。

本项训练内容作为设计基础课程的最后一个训练，对情境式教学方法的应用也达到了最大的限度和综合，不仅有情境的带入、情境的凭借、情境的创设，还有创设情境后的体验过程的参与。学生在材料运用、功能发挥和节点构造等方面都进行了充分的尝试，并得到了多样的构思和搭建作品。小组成员协作能力提高的同时，也最大化地提升了学习和思维的积极性和活跃性（图8）。

4.几点思考和体会

情境式的基础教学侧重环境的置入，使学生在接触专业之初就开始了解建筑是与环境息息相关的，熟悉环境是开始建筑设计的第一步，这与建筑设计教学是吻合的，增强了教学过程的连贯性。更为重要的是，基于学生熟悉的教学环境为依托，探讨研究建筑设计的基本问题，让学生在学习中有了切实的落脚点，摆脱了单纯形式设计上的乏味枯燥和无从下手的盲目性。

图7 搭建基地——D1庭院

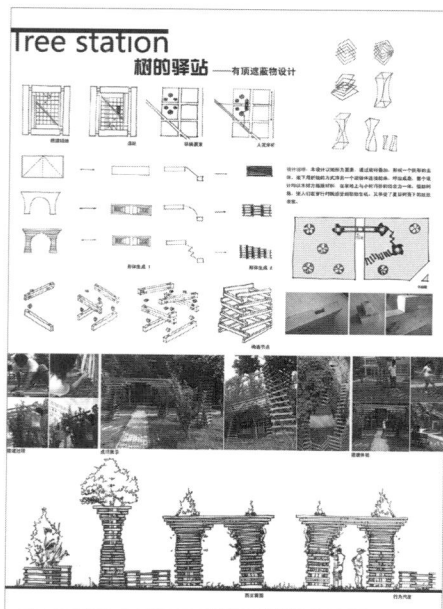

（a）学生：李卉、沈亭君、杨程远；指导教师：孟航旭、王靖　　（b）学生：王文涛、郭雪婷；指导教师：赵伟峰、王靖

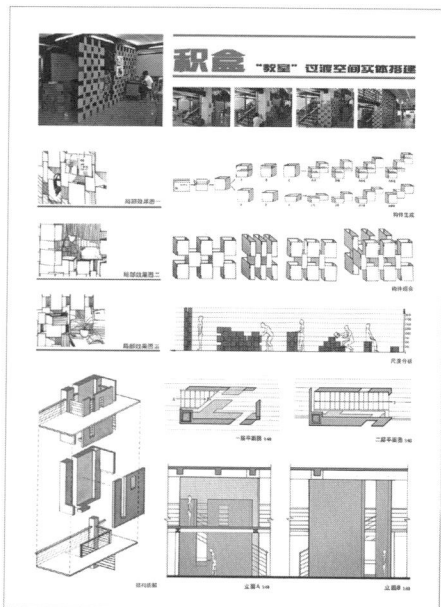

（c）搭建现场照片

图8 学生作业——实体设计与搭建

通过几轮教学实践的总结，有以下几点思考和体会：

（1）情境式的设计基础教学依托特定环境展开，在教学方法上对教师提出了新的挑战。

一方面，实际建筑环境中的学习，有利于提升学生对建筑设计基本问题的理解和空间概念的建立。但面对较多的信息量，学生容易仅注重某些细节而缺少对建筑整体性的把握。教师需要对学生进行整体性分析的引导，以及对学生观察到的诸多问题予以专业性的细心解释。

另一方面，建筑中的常规化设计易于对学生设计思维产生束缚，进一步强化学生对建筑的某些固有认识；现实环境中某些不尽完美的设计处理方式也容易给学生造成错误的认识，这些都需要教师对诸多干扰因素予以适当地纠正和解释。

（2）情境式设计基础教学引导学生开始思考，也需要对设计成果予以验证和后续训练强化。

情境式设计基础教学从带入情境、凭借情境、创设情境到情境体验，学生在既定的环境中完成了认知、设计到对环境的建造体验，对作品的思考和总结均来自学生自主学习的能动性。对学生来说，这是在校学习期间难得的一次不依赖于教师经验，而是通过自身实践验证设计构想的机会。我们的教学在汇报和评议后临近期末，缺少一个在实际体验和利用中检验设计构想实现度的环节，探讨哪些因素制约了设计构想的实现。在后续的课程学习过程中，或者在学生讲座、辩论等课外活动方式中，将对原来搭建的设计作品予以评价反馈或改进完善，并探讨实际使用和设计构想的差异，这些强化措施对学生来说更有意义。我们也将思考在今后的教学中，完善这一环节。

（3）基本技能和形式训练应有机融入课程体系，加强对教学环节和作业成果的把控。

新的课程体系下，校园环境置入课程题目的设计强化了系列训练的整体性，缩短了学生在题目转换时的过渡期。面对更高的能力训练目标，我们继续完善课程题目设置的综合性和全面性之外，对基本技能和形式训练的内容，也试图将其有机融入课程体系，而不能削弱。这就需要在题目内容设置内，加强对专项训练的落实和把控，也要求教师在教学过程中对教学环节和作业成果质量更严格把关。这些都是我们在下一步的教学中需要继续努力之处。

参考文献：

[1] 罗玲玲. 创造力开发 [M]. 长沙：湖南大学出版社，2002.9.

[2] 顾大庆. 绘图、制作、搭建和建构—关于设计教学中建造概念的一些个人体验和思考 [J]. 新建筑，2011 (4).

[3] 贾倍思. 从"学"到"教"—由学习模式的多样性看设计教学行为和质量 [J]. 建筑师 2006 (1).

[4] 满红，沈欣荣，李丹阳. 过程化建筑设计基础教学研究 [C]// 站点2010—全国城市规划专业基础教学研讨会论文集. 北京：中国建筑工业出版社，2010.

作者：沈欣荣，沈阳建筑大学　副教授；满红，沈阳建筑大学　讲师；王靖，沈阳建筑大学　讲师

认知同化学习理论参照下的中国建筑史课堂教学策略

王飒

The Strategies of the Classroom Teaching in History Chinese Architecture With Reference to the Cognitive Assimilation Learning Theory

■摘要：以认知同化学习理论为依据，以易于建立建筑史的知识结构为目标，重新强调课堂教学在建筑史教学中的重要作用；参照认知同化的心理机制，在建筑学整体教学计划下编制多课程、小学时的建筑史课程体系；参照认知同化的方式和教学原理，编制中国古代建筑史的知识架构。

■关键词：认知同化　学习理论　课堂教学　建筑史

Abstract：Based on the cognitive assimilation learning theory, this article re—stresses the important effect of the classroom teaching in the teaching of architectural history, in order to establish the knowledge structure efficiently. With reference to the cognitive assimilation learning theory, the author prepares the architectural history curriculum system with multiple courses and limited class hour and compiles the knowledge system of the ancient history of Chinese architecture.

Key words：Cognitive Assimilation；Learning Theory；Classroom Teaching；History of Architecture

从建筑史自身的知识体系出发，需要较多的学时才能满足建筑史教学的需要。然而，建筑学专业整体教学计划制定过程中，必须综合考虑国家政策，基本及核心技能训练，地方教学特色以及建筑学发展新趋势等要求，绝大多数院校的建筑学专业教学计划很难为建筑史教学准备更多的学时。因此，如何在有限的学时内，在适合建筑学专业学习需求的前提下，更加充分地进行建筑史教学，应当是多数中、外建筑史教师需要面对的最为现实的问题。本文结合沈阳建筑大学建筑学专业中国建筑史教学的改革的思路与实践，对中国建筑史相关的教学计划和知识架构问题进行新的思考。

1 适合课堂教学的认知同化学习理论

学习心理的研究是应用心理学的一个分支，并先后出现了诸多流派。从学习和教育理论发展的进程来看，虽然后续的理论更加完善，但是 20 世纪中叶产生的学习理论流派，对于当前不同学习问题的分析，同样具有指导意义。1960 年代，美国的应用心理学家奥苏伯尔（David P. Ausubel，又译为奥苏贝尔）提出了"认知同化学习理论"（亦被称为"有意义接受学习"）[1]，他关注课堂教学，认为"一种真正实在的、科学的学习理论主要关注在学校里或类似的学习环境中所发生的各种复杂的、有意义的……学习。并对影响这种学习的各种因素予以相当的重视"[2]。尽管有学者认为奥苏伯尔的理论概念不够明确，但"学校教育的实践在很大程度上是支持有意义接受学习的。[3]"

在崇尚创造与发现的背景下，人们倾向于将课堂讲授的教学方法视为死板的、缺乏教育意义的一种教学方法。实地参观、课堂讨论、实习实践、模型制作等教育方式也开始在建筑史教学中被运用，然而我们应当注意到：大学作为培养专业人才的教育机构，必须首先让学生有效地掌握专业知识，然后才是在可能的情况下探索新的知识。也就是说，大学的专业知识教学，仍旧必须以课堂传授为其主要的形式，课堂讲授对于掌握专业知识的系统性来说是最有效的，对于教育组织来说也是最高效的。因此有研究认为从大学本科教学的形式来看，认知同化学习理论更适合指导我国大学生的课堂学习[4]。

虽然对于建筑史本科教学内容及重点目前尚不存在全国共同遵循的纲目，但是建筑史知识内在的关联，必然要求任课者或者遵循教材的逻辑架构，或者自行建构逻辑框架，其系统性是不言自明的。建筑史专业知识的系统性，是绝大多数学生无法通过"发现"的方式，通过自学就能够掌握的。因此尽管可以通过不同的方式进行补充和修正课堂教学的不利之处，建筑史的教学仍旧以课堂传授的方式为主，因此如何能更好地进行建筑史课堂教学，认知同化学习理论可以为我们提供有力的参照。

2 有助于认知同化产生的建筑史教学计划探索

使学生在学习过程中更好地形成专业知识结构，教学计划的制定是核心环节，建筑史知识结构及其与建筑学其他知识内在关系的建立，也同样是由教学计划所决定的。按照原有教学计划，我校建筑学专业涉及建筑历史的课程有："外国建筑史" 64 学时、"中国建筑史" 48 学时、"当代建筑思潮" 32 学时，此外"建筑概论"中有 4 学时简介中、外建筑史，合计 148 学时。在不增加学时的前提下，如何更好地完成建筑史教学，从认知同化学习理论的心理机制出发可以获得启发。

2.1 认知同化的心理机制

奥苏伯尔采用皮亚杰儿童认知发展学说中的"同化"来解释意义学习的发生过程，"同化就是把外界元素整合到一个正在形成或已经形成的结构中"，当有机体面对一个新的刺激情境时，如果主体能够利用已有的图式或认知结构把刺激整合到自己的认知结构中，这就是同化[5]。认知同化学习理论认为"新知识的学习必须以已有的知识结构为基础，学习新知识的过程是学习者积极主动地从自己已有的认知结构中提取与新知识最有联系的旧知识，用来'固定'或'归属'新知识的过程，这是一个动态的过程。……'同化'就是新旧知识或观念相互作用的过程。相互作用的结果使习得的知识观念获得心理意义。"[6] 奥苏伯尔在他最有影响的著作——《教育心理学：一种认知观》——的扉页上强调："如果让我将教育心理学仅仅归结为一条原理的话，我会说：'影响学习的最为重要的一个因素是学习者已经知道的东西，教育者应当确定学习者的已知，并据此进行教育。'[7]"

2.2 易于认知同化的建筑史课程体系

2.2.1 多课程小学时的课程体系

在不增加学时的前提下，将原来的 3 门课程拆分成 6 门课程，每门课程的学时减少，原来覆盖二（下）、三（上）、四（上）3 个学期，在二（上）和三（下）增设课程，共覆盖 5 个学期，加上建筑概论课程可以覆盖 4 个学年（表 1）。多课程小学时的计划使得建筑史的教学与设计课程的学习形成一种伴随状态，从低年级到高年级教学目标、教学内容各有侧重，教学目标从感受了解到知识结构再到理论认识逐步提高。如此安排便于学生在学习建筑历史知识的时候，与自身的生活经验和建筑学其他专业课程的知识相结合，适于其认知结构同化的发生。

2.2.2 接续学生个人生活经验的概论课程

建筑概论课程是引导学生进入专业领域的重要入门课程，现行多种教材对中国建筑史部分的介绍都采取概括说明的方式，虽然照顾到学生的认识能力，但仍不免脱离学生的知识结构。

学期	课程名称	学时分配	中国建筑史相关内容		
			主要教学内容	适应学生的认知背景和知识结构	教学目标
一（上）	建筑概论	2（中） 2（外）	中国建筑史研究的先行者	中国近代革命、战争、救亡历史和历史名人	通过感受了解建筑文化
二（上）	建筑史概论	8（中） 8（外）	居住生活史 近代建筑多元样式分析	个人居住生活经验，城市生活见闻	了解作为文化现象和设计对象的建筑
二（下）	外国近代建筑史	2（中） 14（外）	现代结构体系与中国古代木架结构及其形成的空间特点	中国近代建筑样式，建筑初步课程的基础训练	掌握框架结构体系的一般规律
三（上）	外国古代建筑史	2（中） 38（外）	中国传统建筑与不同文明的建筑文化及建筑形态比较	初、高中的历史知识，前序建筑史课程的积累，中外建筑史对比开设的比较机制	初步建立中外建筑史的知识架构，掌握重点实例和典型规律
	中国古代建筑史	38（中） 2（外）	详见表2		
三（下）	中、外近代建筑史	8（中） 8（外）	城市、经济、文化、技术背景下的中国近代建筑样式	前述历史课程的积累，设计课程的经验	通过对近、当代建筑史的学习，了解不同时期的不同侧重的设计理论和方法
四（上）	当代建筑思潮	8（中） 8（外）	中国当代建筑理论思潮和代表性建筑作品的解读	历史课程积累的文化、样式，建筑设计课程积累的设计经验	
总计	148学时（中国建筑史68学时，外国建筑史80学时）				

我们尝试在建筑概论课程中，以2学时讲座的形式对梁思成和林徽因的中国建筑史研究的历程进行介绍，结合时代背景说明"梁林"对中国古代建筑特点及建筑发展的认识，取得了较好教学的效果。学生调动初、高中的中国近代历史知识和对文艺作品的积累，能够很容易地了解"梁林"生平和营造学社的历史背景，在教学过程中引导学生直接阅读具有近代文风特点的"梁林"文章，同样也会给学生强烈的历史感，并在其中体味前辈学者的观点。

我们尝试专门开设建筑史概论课程，关于如何建构这门新课的课程体系，从认知同构学习理论的角度看，仅经过一年专业学习的学生，尚处于感性积累阶段，好奇和迷茫并存，专业知识结构远未形成。在这种情况下，只能通过生活经验和其他专业课程的学习经验对建筑历史知识进行有效的内化，因此中国建筑史概论部分可以从文化人类学的角度对民居建筑进行介绍，使学生从感受开始了解建筑的文化属性，同时可以对中国近代建筑多元式样的构成进行分析，同样会使学生从感受了解为设计对象的建筑。

2.2.3　对比学习的中、外建筑史课程

由于古代和近代建筑史同时讲授，学时较多，现行的教学计划中往往将中、外建筑史安排在前后接续的两个不同学期。中、外建筑史在古代部分的联系很少，这样做没有问题，但是近代部分的联系却很多，分开讲授影响学生的认知效果。就中、外古代建筑史学习来看，古代建筑文化和技术与现代是根本不同的，难以与学生需要的专业知识结构及其自身的生活体验建立起必然和实质的联系，进入古代史的学习必然需要一个"机械学习"的过程，如对做法和名称的识记等内容。如何使得古代史的学习尽快进入"意义学习"的阶段，是参照认知同化学习理论需要思考的问题。对于建筑学的其他专业课程来说，中外古代建筑史的具体知识细节是相对孤立的，而建筑结构和形式的发展规律等理论问题，又不能直接迁移转化为对设计技能有益的帮助。将中、外古代建筑史安排在同一学期，恰能通过对比的方式，作为认知基础互相比照，形成互动发展的认知结构。也许在所有专业课程之中仍旧是相对独立的，通过教学设计对比学习的中、外古代建筑史所形成的知识结构，较单独形成的知识结构会更稳定、更持续，也就有更多的机会迁移转化为其他的能力。

2.2.4　多次递进学习的中、外近代和当代建筑史

近、当代建筑史的教学安排在3门共16学时的课程中，分别设置在二（下）、三（下）和四（上）。建筑历史知识面对学生最为直接和频繁的问题是，如何将其应用于设计课程之中？而不论中、外何种设计风格，从建筑史研究的角度看，都可以从近、当代建筑中找到相应的作品和建筑师，因此，近、当代建筑史是与建筑设计课程关系最为密切的历史课程。将外国近代建筑史安排在中、外古代建筑史之前，正是因为当代的建筑学正是近代以来的直接产物，对近代优秀建筑作品的学习，就是非常有效的设计学习途径。学生的设计学习需求又是持续和不确定的，因此，近、当代建筑史课程适于对建筑设计学习形成一个陪伴的状态，由浅入深地安排建筑的空间样式，城市、技术与建筑的发展，建筑设计理论和方法等教学内容，从而适应学生逐步成型的专业知识结构。

3　有助于认知同化产生的中国古代建筑史知识架构

中国建筑史知识中，名词晦涩、做法纷繁、形态相近、文化深厚，与外国建筑史相比，学生学习

的难度更大一些。参照认知同化学习理论，对中国建筑史知识架构进行优化编排，将更有助于学生认识和理解。

3.1 认知同化的方式与教学原则

"认知结构"是指知识内容在学习者头脑中的组织状态，其构成遵循"逐渐分化"和"整合协调"的原则[8]，"学习过程中的认知结构是一个按层次高低和纵横联系组织起来的'金字塔'式的结构。……奥苏伯尔认知结构同化论的核心就是相互作用，为了说明相互作用的具体过程，他提出了新知识学习的不同同化模式，即'下位学习'、'上位学习'和'并列结合学习'。这三种同化模式是由新知识与认知结构中起固定作用的有关旧知识的关系决定的。"[9]据此，奥苏伯尔提出课堂教学中"各个单元应按包摄性程度由大到小的顺序排列；每个单元内的知识点之间也最好按逐渐分化的方式编排。前面单元对后面单元构成上位对下位的关系，为后面知识提供理想的固定点。"并且应当在讲授新的知识内容之前，先给学生提供一些引导性材料（先行组织者），"它要比新知识更抽象、概括和综合，并且能清楚地反映认知结构中原有观念与新学习任务的联系。[10]"

3.2 易于认知同化的中国古代建筑史知识架构

3.2.1 逐层展开的"总—分—总"讲解

虽然"总—分—总"是很传统的讲授方式，但结合奥苏伯尔的观点，可以进行有目的的完善（表2）。首先，扩充绪论的知识内容。从文化制度，单体建筑的形态和结构，群体组合的空间秩序三个方面，通过实例分析提纲挈领地展开对中国传统建筑特征的介绍。使得学生在学习建筑发展历程和建筑类型之前，了解描述中国传统建筑的基本方式，但并不需要学生在课程之外就能够掌握中国古代建筑的特征，在后续课程中逐步通过实例介绍，使学生理解这个问题。其次，完善总结课程。学生学习中国建

筑史的最强烈感受是：与外国已形成一定建筑风格的建筑历史比较，中国建筑史的知识总是零散而晦涩的。因此对知识进行总结是非常必要的。通过图表的方式进行总结，带领学生对中国古代建筑史的知识进行较为完整的梳理，同时指明相关的教材章节内容，使学生对中国古代建筑历史形成一个完整的理解，这点非常重要。第三，每一章的内容都遵循"先行组织者"的模式编排，也就是与绪论讲授相同的方式展开，从历史文化到建筑发展或特征概括，到实例分析，最后做章节总结。第四，恰当安排每一次课程的"起、承、转、合"，使学生明了每次课的重点，各节课之间知识的内在关系。

3.2.2 建筑发展的时期划分

中国古代建筑史与外国古代建筑史在同一学期开设，因此需要从一个世界史的视角梳理中国古代建筑发展的历程，使学生建立世界历史背景下的中国建筑史知识架构。目前，在建筑历史研究尚不成熟的状况下，借用中国历史学研究的提法，将中国历史分为中原的中国、中国的中国、东亚的中国、亚洲的中国、世界的中国五个时期[11,12]，同时结合考古学界对中国史前史的描述[13]，将我国古代建筑发展划分为六个时期。这样的时期划分与我国历史朝代和历史唯物主义的社会形态时期划分，也存在着对应关系，在现行中、外建筑史教材各自独立编写的情况下，世界视角下的中国建筑发展的时期划分，为中外建筑史的平行讲授提供了一个窗口，在有限的、谨慎地对比讲授之外，为学生思维扩展提供机会，也为其结合外国建筑史形成整体的历史认知创造了条件。

3.2.3 两大建筑类型的划分

中国古代建筑类型的划分，常常根据史家的观点而不尽相同。在与外国古代建筑史对比讲授的情况下，根据建筑类型背后的文化因素，可以将中国古代建筑的类型划归为现实世界和玄奥世界两大类。

中国古代建筑史课程知识架构　　　　　　　　　　表2

总体结构	教学内容		学时	知识结构同化的类型
绪论	中国传统建筑的基本特征	单体特征	8	特征与其他课程知识构成并列学习；对后续知识形成上位学习；必要的机械学习作为铺垫，后续反复比对讲解。
		群体特征		
		文化制度		
历程	满天星斗的中国、中原的中国、中国的中国、东亚的中国、亚洲的中国、世界的中国	历史背景	12	历程内容整体对绪论形成下位学习；古代史知识与初、高中知识形成上位学习；各时期之间形成并列学习。
		建筑形态		
		建筑技术		
类型	现实世界的建筑类型：住宅、宫殿、城市、园林	文化背景	10	类型内容整体对绪论形成下位学习；现实和玄奥两大类型形成并列学习；文化背景与历程形成并列学习，与各类型形成下位学习；各类型之间形成并列学习。与外国建筑史形成比较并列学习。
		发展历程		
		建筑实例		
	玄奥世界的建筑类型：坛庙、宗教、陵墓	文化背景	8	
		发展历程		
		建筑实例		
总结	中国传统建筑形成完善的体系	建筑形态	2	总结与前序内容是上位学习，总结过程是知识体系构成展现的过程。
		文化制度		

所谓现实世界的建筑就是中国古代、西方古代和人类的现代社会都共同需要的建筑类型，而玄奥世界的建筑是中国古代文化区别于西方古代文化，同时也区别于现代的中国文化而独特具有的建筑类型。现实世界的建筑包括住宅、宫殿、城市和园林（虽然君王皇帝的宫殿没有了，但社会权力执掌者的空间需求与宫殿存在一致性），玄奥世界的建筑包括坛庙、宗教和陵墓。将中国古代建筑类型划分两大类，形成了一种知识结构的统摄方式，在绪论与各类型之间又增加建立了一个认知层次，从教学效果上看，非但没有增加课程的难度，反而对类型的学习更加清晰，同时对于认知中国古代建筑的文化特点，提供了重要的参照。

3.2.4　层层递进的木构讲解

木构知识是中国古代建筑史的重点和难点。在课程组织上，原理的认知是"逐渐分化"展开的，而具体的技术做法却需要逐步深入，因此重要的木构知识需要多次地不同侧重和不同深入程度的讲解。以斗栱为例，在表2的篇章组织中，先后进行9次斗栱讲解，第1次在绪论中介绍斗栱位置和作用；第2次选择上古三代时期，介绍令簋上的栌斗雏形；第3次选择汉代，介绍一斗三升斗栱；第4次选择唐代，介绍斗栱的尺度和结构作用；第5次选择宋代，介绍四铺作斗栱的构成和画法及宋代斗栱的命名方式和材分制；第6次选择清代介绍单翘单昂五彩平身科斗栱的构成以及清代斗栱的命名方式和斗口制；第7次选择坛庙建筑类型，讲解晋祠圣母殿的斗栱；第8次选择宗教建筑，讲解佛光寺大殿的斗栱；第9次在总复习课，复习斗栱的知识，探讨斗栱及模数制度在木构体系的作用。

4　小结

每一种新知识的获得都是通过与认知结构中现有的有关观念相互作用实现的，"在所要学习的新材料和现有的知识结构之间发生相互作用的结果就是旧意义对新意义的同化，从而可以形成一个更高度分化的认知结构。[14]"如此"认知同化"学习理论的观念，恰恰能够在课程体系设置、课程内容编排、课堂教学组织的环节给出有价值的参照，而使得在我国大学专业教学中位于重要地位的课堂教学的作用发挥得更加充分。在建筑史的教学实践中，参照"认知同化"学习理论，从下自上地建构多课程小学时的建筑史课程体系，从上自下地建构中国建筑史课程的教学框架，平行结合中、外建筑史与其他专业课程，根据"先行组织者"进行课程教学的设计，使得建筑史的课堂教学更加完善和有效。

（本文为沈阳建筑大学考试改革立项——《中国建筑史》课程成果之一）

注释:

[1] 施良方. 学习论 [M]. 北京：人民教育出版社，1994：220，223.

[2] Ausubel, D.P. *Learning Theory and Classroom Practice*, 1967，转引自：施良方. 学习论 [M]. 北京：人民教育出版社，1994：221.

[3] （日）雨宫义正主编. 学习心理学——教与学的基础 [M]. 周国韬编译. 长春：吉林教育出版社，1989：166.

[4] 苏海健，张晓晓. 有意义接受学习论与《外国法制史》教学技巧 [J]. 教育教学研究，2008（7）：226.

[5] 姜智. 教育心理学 [M]. 长春：吉林大学出版社，2005：75.

[6] 吴国来，张丽华等编著. 学习理论的进展 [M]. 天津：天津科学技术出版社，2008：46.

[7] David Paul Ausubel, Joseph Donald Novak, Helen Hanesian. Educational Psychology: A Cognitive View[M]. Holt Rinehart & Winston, 1968，作者翻译，原文如下：If I had to reduce all of educational psychology to just one principle, I would say this: The most important single factor influencing learning is what the learner already knows. Ascertain this and teach him accordingly.

[8] 施良方. 学习论 [M]. 北京：人民教育出版社，1994：236-238.

[9] 吴国来，张丽华等编著. 学习理论的进展 [M]. 天津：天津科学技术出版社，2008：45-46.

[10] 姜智. 教育心理学 [M]. 长春：吉林大学出版社，2005：81.

[11] 梁启超. 中国史叙论 [A] // 梁启超. 饮冰室合集·文集之六 [C]. 北京：中华书局，1989：11.

[12] 许倬云. 万古江河：中国历史文化的转折与开展 [M]. 上海：上海文艺出版社，2006：序.

[13] 苏秉琦. 中古文明起源新探 [M]. 生活·读书·新知三联书店，2000：101.

[14] 叶浩生主编. 20世纪心理学名著导读 [M]. 西安：陕西人民出版社，2012：335.

作者：王飒，沈阳建筑大学建筑与规划学院　副教授

吉林建筑大学建筑学专业毕业设计教学过程改革尝试

柳红明　裘鞠

The Attempt to the Teaching Reform of Architectural Graduation Design in Jilin Jianzhu University

■摘要：建筑学专业毕业设计是对学生在校所学知识的综合检验，是学生从课程设计到毕业以后参与实际工程的一次过渡，所以每所建筑类院校都十分重视这一阶段教学。本文总结了我校近几年在建筑学专业毕业设计教学过程中的一些改革尝试，这些改革措施操作性较强，能调动教与学的双方积极性，提高毕业设计教学质量。论文还提出了我校建筑学毕业设计教学工作今后发展的几点设想。

■关键词：毕业设计　教学改革　教学过程

Abstract：Architectural graduation design is a comprehensive test to students' knowledge learning from school and a transition from courses to actual projects. So, all architectural universities attach great importance to this stage.

This paper summarizes some reform attempts for the teaching process in architectural graduation design recent years in our school. These reforms have high efficiency in practice, which can mobilize the enthusiasm of both teaching and learning, and also improve the teaching quality of graduation design. The paper also puts forward several ideas to graduation design teaching for future development.

Key words：Graduation Design；Teaching Reform；Teaching Process

建筑学专业毕业设计是对专业教学的教与学两方面的全面检查，首先能较全面地反映日常教学质量优劣，其次是对学生在校五年所学知识的掌握和运用的综合检验。如果这次设计做得好，可使学生进入工作岗位后比较容易从课程设计学习过程过渡到实际工程设计工作中。反之，易使学生毕业后与实际工作脱节，不能较快适应实际工作。

我院已培养 30 余届建筑学专业毕业生，为国家培养了大批专业技术人员，前辈师长们已建立了较完善的毕业设计教学体系，但随着社会发展需求的变化及现实中三客观条件改变，这套体系逐渐暴露了一些问题，例如传统的毕业设计过程存在辅导教师之间交流少，学生只能被动选择辅导老师及设计题目，对工程实际题目重视不够，毕业实习与毕业设计不能有序衔接，过程管理不够细腻，缺乏校际间交流等问题。针对这些问题，近几年我们在继承发扬的基础上对建筑学本科毕业设计教学过程进行了相应的教学改革尝试，目的是利用各种方法最大限度地调动教与学的积极性，通过采用操作性较强的教学方法，提高毕业设计教学质量。

1 成立毕业设计教研小组，师生双向选择

为保证教学质量，我们选聘的毕业设计指导教师均为教学及工程实践经验丰富的教师，并由他们组成毕业设计教研小组。教研小组人数根据当年的毕业生总人数确定，保证每个教师指导10名以内学生，符合国家建筑学专业教学指导委员会所规定的建筑学专业师生比例。毕业设计教研小组在第9学期末进行设计课题遴选工作，先由毕业设计指导教师每人提出1～2个题目并拟好任务书，提交毕业设计教研小组，毕业设计教研小组基于社会的需求及学生个人的志趣这两个基本因素，对题目进行集体讨论、遴选，使设计题目更加多样化、科学化，使课题都有不同的侧重点。近几年，设计题目涉及的领域较广，包含城市设计、高新技术与节能、工业遗址保护等。毕业设计教研小组定期开展教研活动，集体讨论毕业设计教学方法，制定学生的设计进度及毕业设计质量标准和评分标准，保证了毕业设计整体水平的提高。

传统的毕业设计教学形式是将学生以班级为单位、按平时成绩好坏平均搭配分组，然后由指导教师抓阄确定所辅导的学生，这种做法管理起来简单省事，但易造成教师没压力、学生没动力的状况，不能很好地调动教师积极性，也不利于挖掘每位学生的潜能，教与学在组合过程中没有沟通的机会，无法形成有机的配合。近几年，我们采取了一种更开放、更自由、更富有竞争性的双向选择形式，通过双选的形式体现教师、课题及学生之间的自由组合与默契配合的关系。具体做法是：指导教师编写毕业设计题目介绍文件，张贴于毕业班级，宣传并介绍自己的题目特点及思路，招募学生参与；学生则根据对题目的喜好和对老师的了解，填写申报志愿表并选择指导教师及课题，每个学生可填写2个志愿，可解决由于申报不均衡使组员偏多或偏少的问题。通过实践可以看出，这种方式对教师与学生双方促动均较大，一方面教师为了教学过程顺利进行并达到教学预期目标，其设计题目的拟定就要提前收集大量的资料，对设计题目要提出更高要求，才能保证题目的新颖，以吸引更多的学生选择；另一方面学生为了选择到自己喜欢的设计题目及老师，在平时就要十分重视专业课的学习，打下良好的专业设计基础，在毕业设计的双选中才能有较大的余地。毕业设计教学过程中，师生双向选择虽然还是有少数学生不能如愿，但逐渐增强的竞争氛围却给教学带来了新的生机。

2 毕业设计题目选择的真实性，毕业实习阶段的重视

毕业设计教研小组在讨论及遴选毕业设计题目时，保证每年题目更新率并尽量选择一些实际工程项目，经过教师调整使其适合教学要求。选择新的设计题目，可使本届毕业生在毕业设计过程中少受前几届学生的设计思路的束缚，达到创新的目的；选择真实题目，可以给学生创造把自己大学所学专业理论知识与实际工程相结合的机会，真实题目也可使学生了解一个建筑项目从立项、设计到竣工的各步骤的细节，了解解决设计过程中各种矛盾的方法；另外，学生对真实地段的现场踏察，有利于他们了解周边的自然环境及建设条件，便于他们结合环境进行建筑创作，激发学生的创作欲望，如我们所选择的"长春电影制片老厂区保留地段环境及建筑改造利用"毕业设计题目，是涉及产业遗产保护研究的真实题目，学生们通过回顾长春电影制片厂的历史，长春电影制片厂老厂区的现状分析，外省、市对产业遗产保护改造利用实践的成功经验等，提出要科学、合理地编制长影老厂区改造规划，保护好长春市唯一、全国少有的电影文化建筑遗产，并注入新的空间元素，开发新的功能，复苏长影老厂区现保留地段内建筑的生命力，使之成为长春市富有历史文化品位的新景区（图1）。

我校建筑学专业第10学期的第2～4周为学生的毕业实习周。在实习前，老师根据不同的毕业设计题目，指导学生参观不同的城市，分析去该城市的目的并选择重点参观项目。毕业设计实习要求学生以参观建筑实物为主，从书本研究过渡到对实际空间设计的感受及学习，从而更有助于学生下一步从事创作时增加设计深度。实习过程中要求学生每天写实习日记，定期整理参观调研心得、笔记及相关建筑的实地拍摄照片，使学生积累大量的创

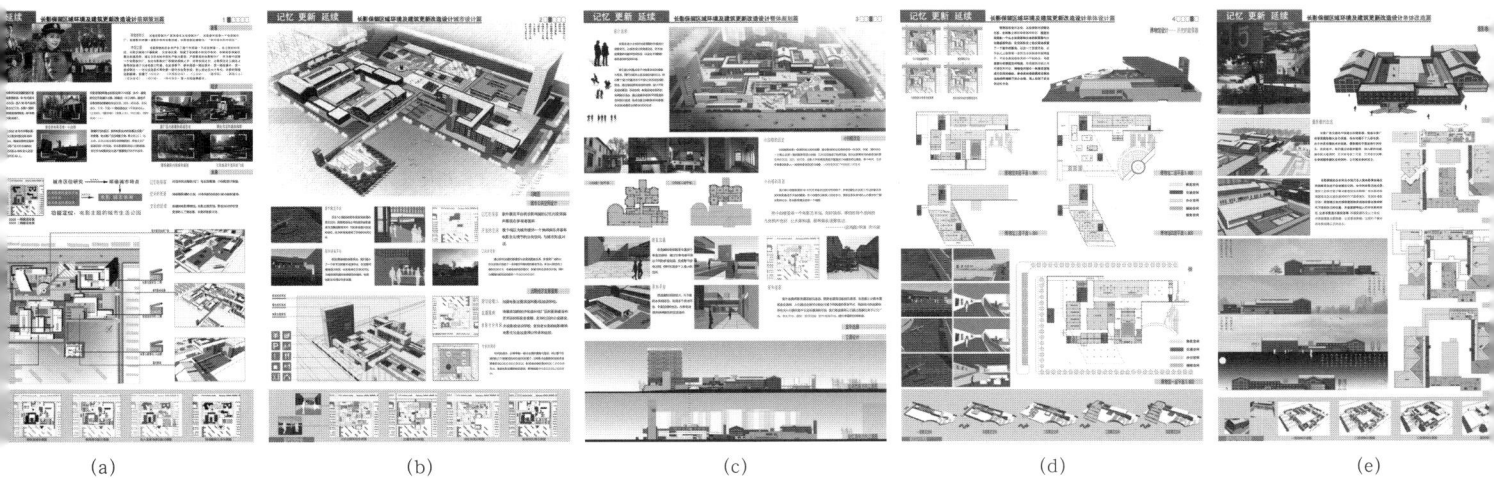

(a)　　　　　　　(b)　　　　　　　(c)　　　　　　　(d)　　　　　　　(e)

图1 "长春电影制片厂保留区域环境及建筑更新改造设计"，获全国2008年优秀作业奖

作素材，对毕业设计起到很大的指导作用。另外，要求学生实习回校后将实习成果制作成课件，在全设计小组进行汇报，一方面，使学生间达到实习成果共享的目的；另一方面通过汇报演讲，使他们在实习过程更加认真，更能深度的收集资料，避免学生把毕业实习当作一次"旅游"。

3 注重毕业设计的过程教学

3.1 严格控制设计进度

由于毕业设计题目较大，设计周期较长，加之有许多学生在这个阶段又面临找工作，面试、应试等占去很多时间，如果不制定好设计进度，将严重影响毕业设计质量。针对这一问题，我院要求每位指导老师要控制好每个教学环节，严格执行各阶段草图及正式图的时间进度安排，对设计的每一阶段进行量化要求，并对其进行总结、评分，作为平时成绩的依据。这样学生清楚了每

一阶段该做什么，做到什么深度，使他们始终处于紧张的设计状态中，避免了常出现的前松后紧，临近答辩仓促赶图，图面质量不高的被动局面。

另外，在整个设计过程中由学院组织相关教师进行两次中期检查，对毕业设计完成较好的同学给予表扬，对没达到进度要求的同学进行通报批评并限期按要求赶上设计进度。毕业设计正式答辩前一周进行预答辩，对毕业设计图纸进行系统的检查，指出其中明显存在的问题，要求学生利用最后一周解决并完善，使毕业设计正式答辩过程中不出现明显问题，并对仍然没达到要求的同学给予暂缓参加正式毕业答辩的处分（表1）。

3.2 开展讨论式教学方式

设计的过程也是创造的过程，所谓"创"就是打破常规，所谓"造"就是在打破常规的基础上产生具有现实意义的东西。怎样给学生创造一

毕业设计进度一览表　　　　　　　　　　　　　　　　　表1

阶段	内容
一、调研、开题阶段 第9学期末	毕业设计教研小组研讨并确定毕业设计题目；学生与指导教师见面，讨论收集资料、实际地段踏察、制定实习计划
第10学期第1周	学生利用寒假和新学期第1周期间，完成为期3周的毕业实习工作
第10学期第2周	学生进行实习成果汇报；进行环境调查、环境分析、总图设计
二、设计阶段 第10学期第3～6周	绘制一草、二草图
第10学期第7～8周	绘制三草；设计定案，聘请设计院结构、设备、电器工程师讲解相关专业设计规范并进行辅导
第10学期第9周	工具草图绘制：平、立、剖面图、透视图
三、深入阶段 第10学期第10周	中期检查，对没达到进度要求的同学进行通报批评并限定日期按要求赶上设计进度
第10学期第11～13周	绘正图、图面整理、设计说明等
第10学期第14周	预答辩，预答辩结束后学生将答辩过程中答辩教师提出的问题进行图画整改
四、文本编制、绘图阶段 第10学期第15周	完善及整理图画、设计说明，出正式成果图，交全套毕业设计图纸及文本
第10学期第16周	毕业设计成果展示周，全院专业教师参评打分，学生进行答辩准备
第10学期第17周	教师签图，学生答辩，上报成绩

种适合创造的环境，让学生意识到自己设计的特别之处，并且使之发扬光大呢？我们改变了以往教学中由教师单一灌输、辅导的局面，在毕业设计过程中采用了讨论式教学方法。首先，让学生找问题、提问题。因为设计总是伴随问题开始的，提什么样的问题、提问题的角度等，便于老师最快了解学生对设计题目的理解深度及思考方向，再针对问题进行解答。其次，教学中的交流不能仅限于教师与学生之间，我们也使其扩展到同学之间的交流。每一次阶段性草图完成之后，由学生自己走向讲台，介绍自己的创作构思、设计思维过程及最终要产生的设计效果等。然后其他同学可发表意见，形成一种研讨气氛。采用这种教学方式的好处是：第一，由于同学们年龄相近，知识和感受能力相当，所以每次讨论都很热烈，在同学之间互相学习、互相补充、互相启发的过程中，达到了共同进步的目的；第二，在讲解方案的同时，也提高了学生语言表达能力及应变能力，这不仅为最后的毕业设计的答辩做准备，同时也为他们走向工作岗位打下基础（图2）。

4 注重相关专业知识传授，开展多校联合设计

毕业设计是专业人才培养计划中最后一个综合性教学环节，要求学生在设计过程中对所学到的技术、材料、设备、结构等各方面知识进行综合运用，使其进一步受到建筑师的基本技能训练，掌握与相关专业协调的方法，提高在设计中综合解决实际问题的能力。因此，我们首先在毕业设计之初的理论授课阶段，由指导教师结合设计题目讲解技术、材料、设备、结构等相关专业知识，在草图设计中有计划地体现相关课程的知识需求。其次，在工具草图完成后，聘请设计院的结构、水、暖、电等相关专业工程师给学生讲课并参与辅导，使学生对相关专业知识的理解更加深入，达到了综合训练设计能力的目的。

为了开阔办学视野，扩大教学经验交流，2013年开始，我院与哈尔滨工业大学、大连理工大学、内蒙古工业大学发起了"寒地四校联合建筑毕业设计"活动。按活动计划要求，每个学校轮流出题组办，题目选取要具有鲜明的地域特征，通过集中开题调研（图3）、集中中期检查、集中成果答辩等方式达到各校间相互交流、相互学习的目的（图4）。今年联合设计，我校出的题目为"长春市拖拉机厂及周边区域空间规划与建筑设计"，要求学生在社会结构的调整，科学技术的迅猛发展以及社会生活的变迁，使得不少传统工业正走向衰败的背景下，对那些在特定时期独具特色的，具有很高的历史价值、技术价值、社会意义、科研价值和文化价值的工业遗存密切关注，探索如何使老工业遗址再生，使它们成为城市更新中独特的文化遗产资源，使其融入城市的生活中，使城市的历史文化得到延续，把它们塑造成能够促进交往、满足公众的精神需求、充满活力和文化气息的城市区域（图5）。

图2 讨论式教学现场

图3 寒地四校联合设计——集中调研

图4 寒地四校联合设计——集中中期答辩

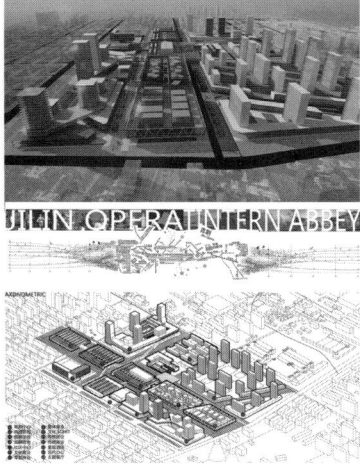

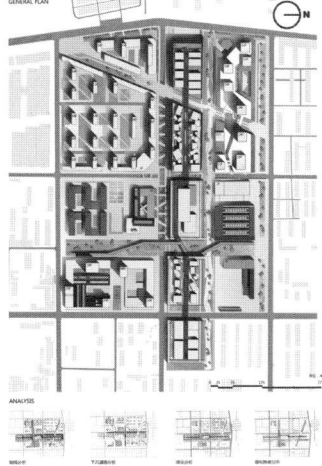

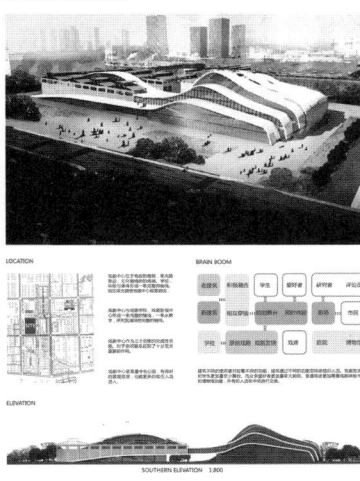

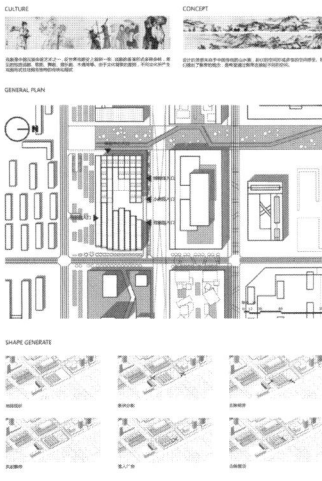

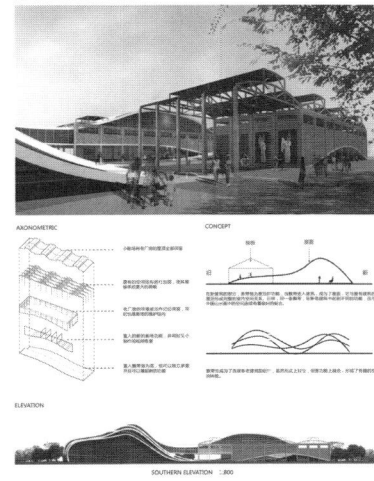

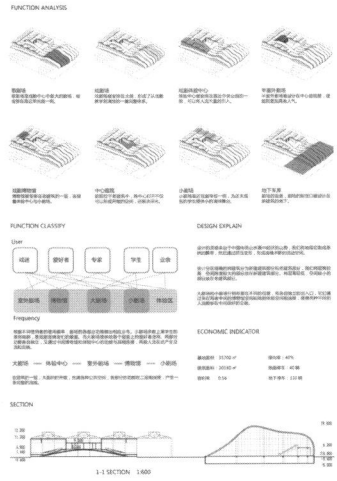

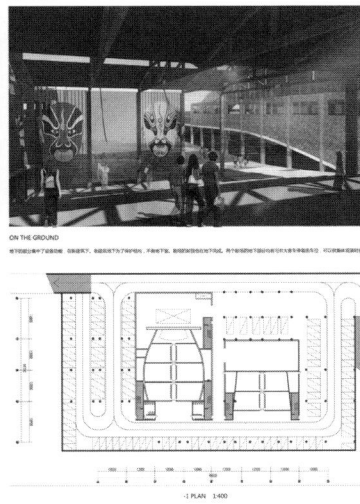

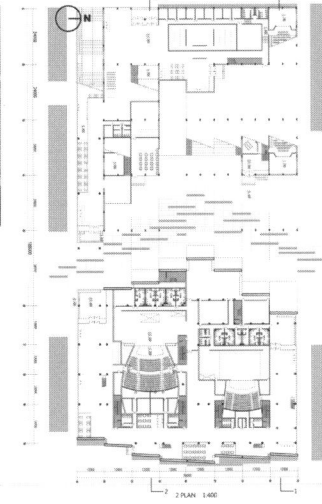

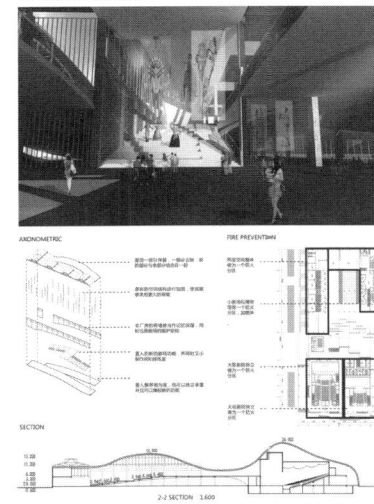

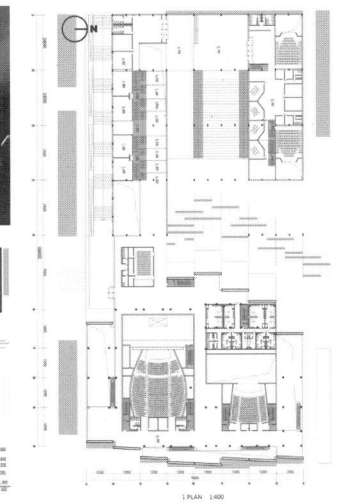

图5 2014年寒地四校联合毕业设计——"长春市老拖拉机厂改造—戏剧文化中心设计"

5 今后设想

（1）由于几次培养方案调整压缩了不少毕业设计课时，加上近几年建筑学专业招生人数不断增加，学生整体综合能力有所下降，学生入学后经过一段时间的专业学习，显露了专业素质的参差不齐，不少学生感觉毕业设计时间不充裕，更有正式答辩时间没画完设计图纸的个别现象。我们计划有效利用第 9 学期期末及寒假时间，要求指导教师提前拟定设计任务书，毕业设计教研小组在第 9 学期遴选课题，并利用第 9 学期期末将选出的课题布置给学生，让学生利用期末和假期时间理解设计任务及搜集资料，并进行为期 3 周的毕业实习；教师利用网络与学生沟通、答疑解惑，这样第 10 学期开学即可进入到草图正式设计阶段，与以往的教学安排相比，相对增加了 3 周的教学时间，将其中的 2 周时间补充给毕业设计课时，另 1 周用于毕业设计成果公开展示时间，即要求学生按照学校安排的最后答辩时间提前 1 周完成设计图纸，将全部图纸张贴展出，由全学院专业教师评判打分，并将此分数计入正式答辩成绩一部分。这样可以避免传统的毕业答辩由短短 50 分钟评定成绩的弊端——老师熟悉图纸时间太少，容易出现付分不公平的现象。

（2）我院已经进行了本专业的学生团队合作完成毕业设计的尝试，锻炼学生们"精心组织、集体作战、相互鼓励、共同进步"团队协作精神，提高了学生之间的沟通交流和合作能力，有益于同学之间的互相学习。今后将探讨由建筑、规划、结构、设备等不同专业学生联合进行毕业设计，将有益于不同专业的学生掌握相关专业知识和提高专业执业能力，更利于学生满足社会需求，为毕业以后尽快适应工作需要打下良好的基础。

（3）走"送出去"的教学模式，与国内各大甲级设计院联合培养学生，将部分学生送到设计院，以完全真实的设计题目进行毕业设计，由设计院专职工程师进行辅导。有利于学生对建筑设计全过程的了解，毕业以后能更快适应工作需要。

6 结语

建筑学本科毕业设计是对学生在校所学知识的综合检验，是学生从课程设计到毕业以后参与实际工程的一次过渡。如何改革建筑学专业毕业设计设计教学环节，提高毕业设计教学质量，已成为高等教育改革热点。加强该环节管理，提高毕业设计质量，是一项长期任务，今后我们将在政策方面、硬件方面更多地投入，培养出更多创新能力、实践能力及综合素质强的优秀毕业生。

参考文献：

[1] 段晓丹，龙灏．浅谈目标教学法在毕业设计中的应用 [A]// 中国建筑教育学术研讨会论文集 [C]．北京：中国建筑工业出版社．2002；60–62．

[2] 余寅．建筑学专业毕业设计教改实践 [J]．建筑教育—同济专辑．2008.2；10．

作者：柳红明，吉林建筑工程学院建筑与规划学院　副院长，教授；裘鞠，吉林建筑大学建筑与规划学院　教授

建筑图研究

——基础教学中的轴测图

韩晓峰

Research of the Architectural Drawings: The Axonometric Drawing in the Fundamental Architectural Education

■摘要：本文从基础教学的角度，讨论了建筑图中的轴测图的发展，介绍了当代的基础教学中轴测图不同于传统的画法类型，并结合笔者从事的教学课题，深入讨论课题本身的建筑特性如何决定轴测图的表达方式。

■关键词：建筑图　轴测图　表达

Abstract：In terms of the view of fundamental architectural education, the paper discussed the development of the Axonometric Drawing. Several new kinds of the drawing methods of the Axonometric are talked in the paper. Combined with the real daily teaching topics in the school, the author discussed the relationship between the essence of the topic and the possible drawing methods of the Axonometric.

Key words：Architectural Drawing；Axonometric Drawing；Illustration

1 建筑图

　　毋庸置疑，作为无形的设计概念与实体建筑物之间的重要转化媒介之一，建筑图在建筑创作和建筑基础教学中具有几近核心的作用。但是，随着建筑学内涵与外延的不断拓展，建筑学自身所包含的图形类型和绘制方法也随之得到了相当大的扩展。传统的平面、立面、剖面和透视图的表达方式已经远不能满足当代建筑概念的表达。因此，当代建筑图学中出现了诸如图解（diagram）、地图术（Mapping）等新名词。这些新的图形绘制理论和方法，充分反映了建筑学的建筑设计方法以及建筑空间操作方法都已经悄悄发生了变化。而一直以来作为传统建筑图之一的轴测图，其绘制方法、绘制角度，以及它在建筑设计和表达中的作用也发生了较大的变化。

2 基础教学的特点

　　从建筑学院的教师角度来看，基础教学的最主要特征是在不断重复的设计练习中传授给完全没有建筑知识的初学者一定的认识建筑现象、构思建筑空间、表达建筑概念的思维方法和技术手段。而且，这种思维的方法与表达的技术手段是互相关联的。这里，表达建筑概念的技术手段是其中重要的一个环节。这种表达的技术完全依赖建筑图的表达，建筑图成为老师传授知识，学生吸收知识的最重要的媒介。即使这种传授和吸收之间存在不可避免的误读，建筑图依然是不可取代的媒介。因此，充分地研究建筑图本身所包含的规律，成为基础教学研究中一个不可忽视的对象。本文正是选择了轴测图作为研究对象，深入剖析其在基础教学中的作用。

3 轴测图的基本作用

轴测图作为传统建筑图的重要类型之一，因为其自身绘制的简单，便于尺规作图，能客观再现三维物体等优点，一直广泛应用于从事建筑专业者的图形表达中。轴测图早期从机械设计专业传入建筑学专业，机械设计中极尽复杂的机器零部件以及其组合方式的拆分图，通常以轴测图的方式加以表达。这种直观再现三维物体的方法被建筑师渐渐应用于建筑设计的构思和表达中。轴测图最基本的作用是能够以三维的视角再现几何物体，它远比抽象的平面、立面图来得更加直观。

按照轴测图的画法，可以将其分为几种基本类型，即正轴测、平行轴测和斜向轴测。正轴测是图形中 X、Y 轴方向各自以一定的角度组合，Z 轴方向垂直（图 1）。其中，X、Y 轴向与地平线的角度组合可以选择三角板自带的角度：30°—60°、30°—30°、45°—45°、60°—30° 等。角度的差异决定最后三维物体呈现出来的视角不同。平行轴测是指 X 轴或者 Y 轴与 Z 轴垂直。从而，图形中只有一个方向的斜向线条（图 2）。此类轴测图可以在完整绘制建筑物的一个立面的同时，绘制出与立面相接的侧面。斜向轴测是指 X、Y 轴互相垂直正交，而 Z 轴倾斜一定的角度（图 3）。这类轴测图可以很好地绘制建筑屋顶平面，同时表现出与屋顶相接的立面。

以上是轴测图的基本绘制方法和作用。它一直是传统的建筑三维表达中的重要工具。它最基本的作用是可以将构思的建筑物以直观的三维图形绘制出来，从而使构思得以物化。

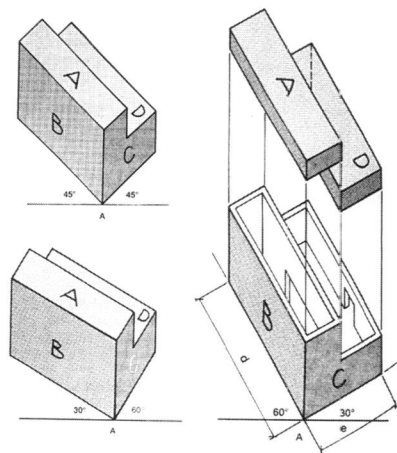

图 1 正轴测图

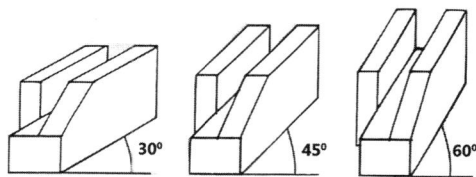

图 2 平等轴测图

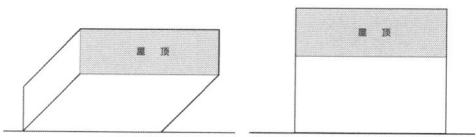

图 3 斜向轴测图

4 轴测图在当代的拓展

如前文所述，当代建筑的内涵和外延已经发生了较大的变化，这也直接反映在当代轴测图的绘制方法上。轴测图画法的拓展，主要原因来自于建筑空间与形式的构成逻辑发生了较大的变化，传统轴测图较多注重形体的画法，不能再现建筑的全部内在形式构成系统。依据日常的教学经验，笔者总结了当代基础教学中常用的几种轴测图画法。

（1）分解轴测图。传统的建筑形体在此像被解剖学研究一样，纷纷拆解，这使得隐藏在轮廓线之下的建筑内部空间元素被开膛破肚式地展现出来。此类轴测图拆解的主要原因是，此类建筑空间的生成来自于多种元素的组合和操作，因此传统轴测图注重表达外形的方式不能够展现建筑内在机制。基于分解的角度和方式不同，分解轴测图也可以细分出多

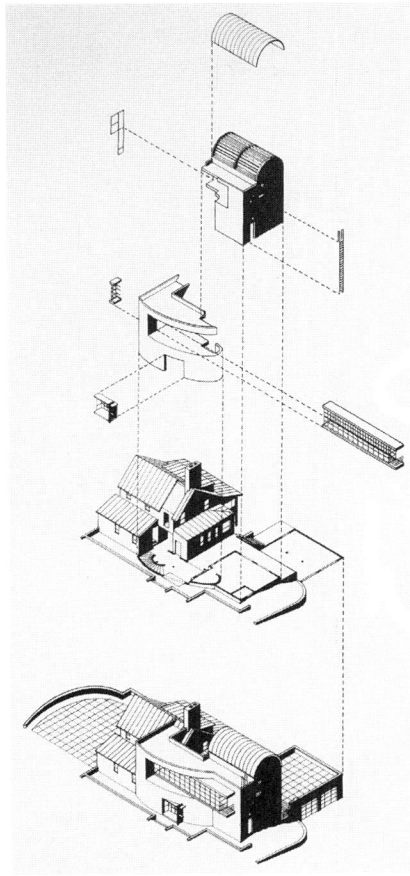

图 4　爆炸分解式轴测图

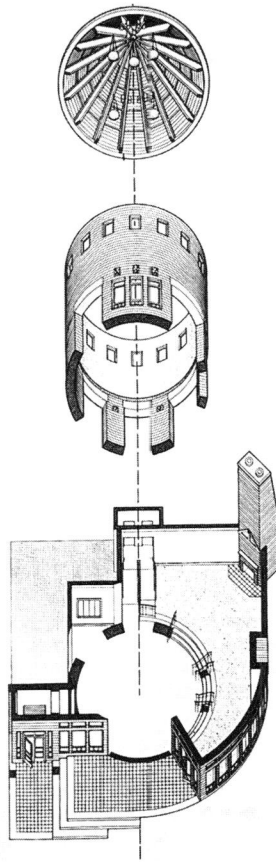

图 5　鸟瞰与虫视复合轴测图

种不同种类的分解图。如图 4，采取了爆炸分解式画法，它很好地展现了建筑形式系统要素的构成关系。如图 5，鸟瞰与虫视同时应用在一张图中，这就能够同时展现建筑底部和顶部的信息。

（2）轴测切片图。针对当代建筑中的连续空间，传统的轴测图很难再现建筑内部空间的丰富性。而连续的切片提取和轴测化绘制，能极好地将建筑中包含的空间类型和连续变化完美展示出来（图 6）。

（3）组合式轴测图：将不同类型的轴测图组合在一个图形系统中，综合展示建筑的信息。如图 7，将平面轴测图、分解轴测图、形体轴测图整合在一起，综合展示建筑信息。

（4）内外同时再现的轴测图：此类轴测图在原有传统轴测图所表现的建筑物外形基础上，

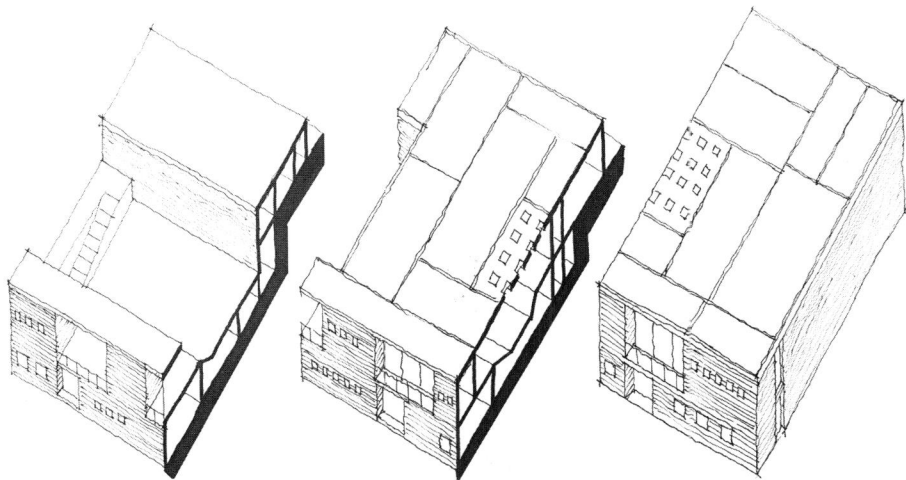

图 6　连续的切片提取轴测图

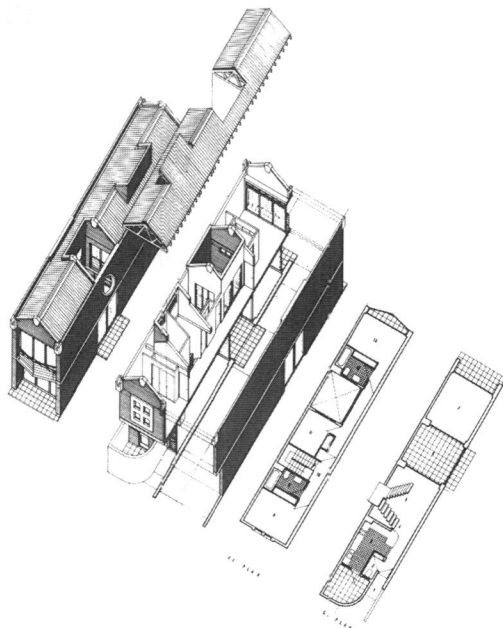

图7 多类型整合的轴测图

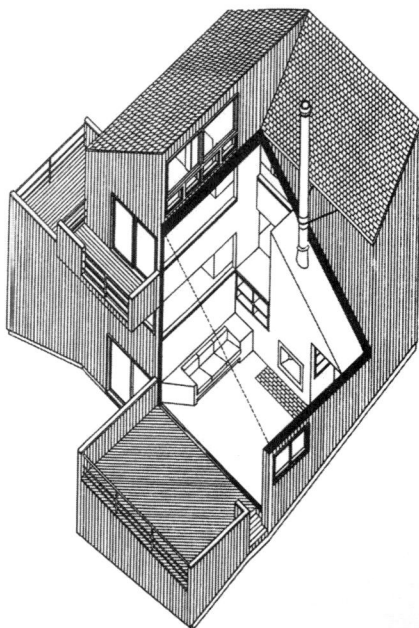

图3 外部与内部空间同时再现的轴测图

通过手术式切除局部形体，并深入绘制切除后暴露出来的内部空间，从而取得建筑物外形与内部空间同时再现的效果（图8）。

5 基础教学中的应用

以笔者的一个教案中设计概念的轴测图表达与课题的关联性为例，可以较好地说明当代轴测图的实际应用。"小型社区图书馆"是二年级综合性较高的一个课题，因为图书馆功能的复杂性，决定了此课题是学生第一次接触如此"复杂"的综合建筑。同时，课题选择月地边线周边建筑密度很高的基地，从而限定了设计必须在一个相对紧凑的形体之内进行空间操作，从而达到训练学生"满足复合功能，同时建筑获得丰富内部体验空间"的能力。如图9、图10，展现该生通过分解轴测图展示其设计概念。

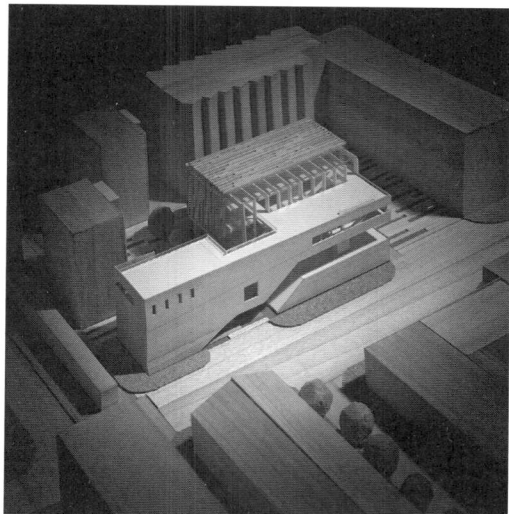

图9 建筑形体模型

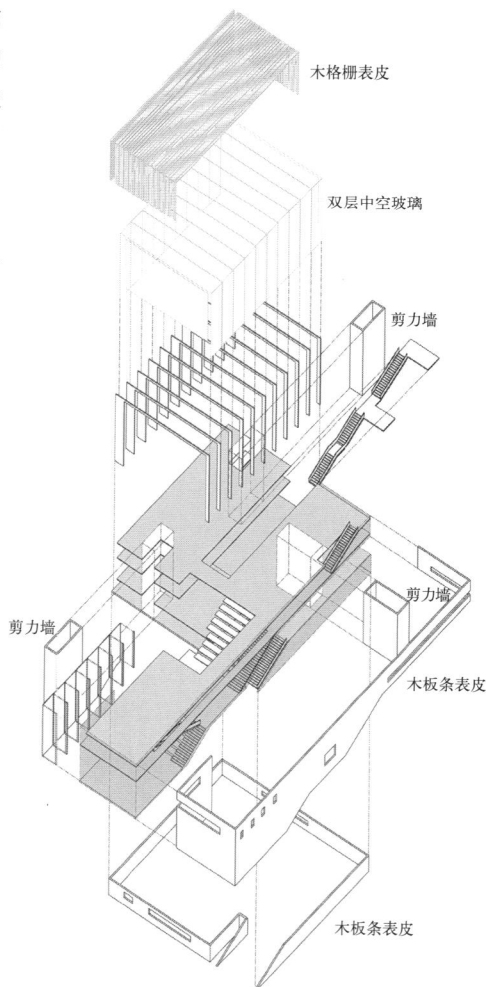

木格栅表皮

双层中空玻璃

剪力墙

剪力墙

剪力墙

木板条表皮

木板条表皮

图10 建筑系统构成分解轴测

该图选择分解轴测图的方式，可以将隐藏在简单形体内极其丰富的空间构成元素完全展示出来。这也是课题训练最重要的目标。

6 轴测与透视的差异

建筑图中三维表现的主要工具是透视图与轴测图，这两者在建筑图学中分工不同，各自适用的表达对象也有很大差别。透视图的主要特点是体验性的表达空间场景。自14世纪意大利的画家们发明了透视术以来，其无与伦比的三维场景模拟成为表达建筑空间的重要工具。然而，其缺点也很明显。由于透视表现是某个单一视点的场景，这决定其表达一定是局部的空间，读图者无法获知整体的建筑认知。轴测图则能很好地弥补这个缺陷，通过选择不同的角度和画法，轴测图可以完美表现出建筑的内在构成系统和外在形式，这有助于设计师表达其整体的设计概念。

7 总结

综上所述，轴测图的发展是来源于当代建筑的发展而发生的，正是当代建筑空间突破了传统建筑的空间架构，导致了表达建筑的图形也发生了相应的变化。图形作为工具和媒介，本身不应成为建筑的束缚，而是应该作为积极影响设计发展的媒介并不断发展。

（基金项目：国家自然科学基金青年基金，项目编号：51108071/E080101）

参考文献：

[1]（美）拉索著．图解思考——建筑表现技法（第三版）[M]．邱贤丰等译，北京：中国建筑工业出版社，2002
[2]（英）巴克著．建筑设计方略——形式的分析（原第二版）[M]．王玮等译，北京：中国水利水电出版社，2005
[3]（美）克拉克，（美）波斯著．世界建筑大师名作图析（原著第三版）[M]．汤纪敏，包志禹译，北京：中国建筑工业出版社，出版时间：2006
[4]（日）宫宇地一彦编．建筑设计的构思方法——拓展设计思路[M]．北京：中国建筑工业出版社，2006

作者：韩晓峰，东南大学建筑学院讲师

建筑设计研究与教学

Architectural Design Research and Teaching

基于设计教学研究视角的普通高校建筑设计基础教学改革思考

程新宇

Reflections on the Teaching Reform of Architectural Design Basis in Ordinary Universities Based on the Perspective of Design Teaching Research

■摘要：近十几年来，开设建筑学专业高校的迅速增多使国内高等建筑教育呈现出大众化和两极化的发展趋势。作为教学改革热点的建筑设计基础在不同层次院校因其发展定位不同，其教学改革也呈现出不同的特征。对多数未通过建筑学专业评估的普通高校来说，其保守的或沿袭传统、借鉴名校模式的设计基础教学在改革过程中必然面临各种问题和困难，本文通过总结其中存在的问题和对典型设计基础教学研究案例分析的基础上，指出设计教学研究对指导普通高校专业教学改革实践和探索各具特色、结构有序的教学体系所具有的重要作用和意义。

■关键词：建筑设计基础　教学改革　教学研究　结构有序

Abstract: Over the last decade, ordinary universities, which opened architecture department, has increased rapidly, showing a popular and polarized development trend of domestic higher architectural education. Because of different development positioning in different colleges, the architectural design basis teaching reform is also showing different characteristics. For most ordinary universities that do not pass the national architecture education assessment, its design basis course which is conservative, traditional or learning from elite schools, will inevitably face a variety of problems and difficulties in the reform process. By summarizing the problems of its reform and analyzing the typical case of design basis teaching, this paper points out that design teaching research plays an important role in guiding ordinary universities to reform or explore the distinctive and well structured teaching system.

Key words: Architectural Design Basis; Teaching Reform; Teaching Research; Structured

1 国内建筑教育发展现状

近年来，随着中国城市化和建筑业的高速发展，这些行业对建筑人才的需求越来越大，而国内以"老八所"为代表的建筑名校培养的"精英型"建筑人才已很难满足社会的实际需要，建筑人才供需的矛盾直接推动了国内高等建筑教育的发展，并呈现出多元、多模式、多目标培养的态势。截至 2012 年 5 月，全国共有 252 所高校开设建筑学专业，其中通过建筑学专业教育评估的高校 48 所，仅占总数的 19%[1]。而在未通过建筑学专业评估高校中，有超过 60% 的建筑学专业为近十年所设立[2]（图 1）。院校数量增加的同时，院校背景、类型和层级也呈现多元化特点。在高等教育大众化的背景下，国内的建筑教育也开始由精英教育向大众化转变，并且呈现出不平衡、两极化发展趋势，多层次高等建筑教育格局逐渐形成。

随着国家对重点高校投入的不断增加，不同层次院校发展的不平衡也直观地体现在了学校定位、培养目标以及课程体系的改革上。两极化的发展导致了培养目标的差异，高端建筑院校定位于培养具有国际视野的创新性建筑人才，其精英型教育模式也被进一步强化；而普通院校则多数以培养技能型人才和应用型人才为主，这种差异必然导致原来各层次院校基本雷同的基础教学体系发生根本性的变化。以"985"、"211"为代表的高端建筑院校依靠国家巨额资金投入和自身的学科优势发展迅速，频繁的国际联合教学和交流带来新的教学理念和模式，培养目标和教学体系与普通院校之间的差异日益明显。而大多数的普通院校和部分新办建筑学专业的院校发展则相对缓慢，通过专业评估和学科建设就成为其当前发展面临的主要问题[3]。而教学资源的不足使其无力对现有沿用多年的教学体系做出较大的调整，课程教学改革也面临众多问题。

2 国内普通高校建筑设计基础教学改革现状及存在问题

任何教学改革的前提都基于自身定位和培养目标的改变。以建筑设计基础为例，作为建筑学专业的启蒙课程和设计教学体系的重要组成部分，多年来却一直以一种雷同的"渲染＋构成"的教学模式在不同层次院校中运行。随着社会发展，这种同质

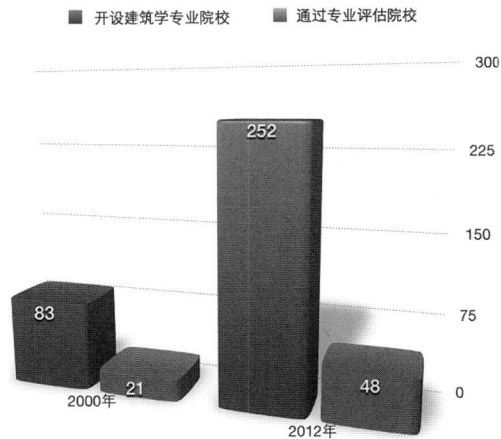

图 1 建筑院校总数与通过评估数

化的教学体系已无法满足社会对建筑人才的多样化需求，对落后、陈旧的设计基础教学模式的改革早已成为共识，东南、清华、同济等高端院校通过持续多年的教学研究和课程改革成功构建了各自独具特色的基础教学模式，而对于普通高校和新办建筑学专业的高校来说，因客观条件限制，其培养目标和课程体系大多照搬或参考名校多年来沿用的、传统的教学体系和模式，这种简单的移植复制致使不同层次院校培养目标的趋同和课程体系的雷同化，在缺少自身定位和教学特色的前提下导致其在教学改革过程中存在诸多问题。

2.1 整体性、系统性不足

建筑设计基础的教学改革作为整个教学体系的一部分，必然要从属于整体培养目标的调整。高端院校如东南、清华、同济等院校设计基础教学的改革是以跨年级、多学科的基础教学体系和教学平台的建设为主，是一种自上而下的完整的体系改革，教学体系的逻辑性和整体性十分严密。而从近年公开发表的相关教改文章来看，无论是"渲染模式"、"构成模式"还是两种模式的混合，普通高校的建筑设计基础教学改革多数并未改变以数个前后关联的练习训练设计的个别问题，再进入基本相同的建筑类型为主线的设计综合训练的课程结构（图 2），多

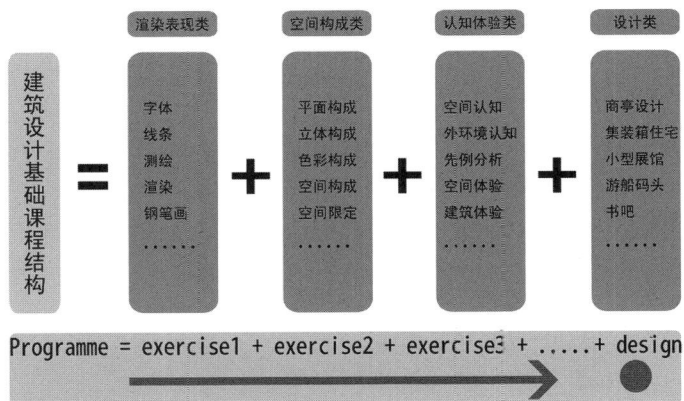

图 2 传统建筑设计基础课程结构

是针对具体课程内容和以提高教学效率的教学法的改革。鲜见对后续设计课程的规划设计和改革，由于缺少课程平台建设的总体规划和相关学科的支撑，这种仅针对单一训练内容进行的教学改革注定无法对整体教学水平的提高产生作用。

以近年流行的建构教学为例，如果仅作为材料认知、建造体验在一年级的教学中引入，而同为基础教学重要组成部分的二年级建筑设计仍采用传统的类型化和以二维渲染图为表达方式的教学模式，教学体系的连贯性和课程系列的关联性明显不足，在缺少结构、材料等课程的支撑下，课程安排欠缺整体性和有机性，难以形成综合有效的教学系统，训练意义和教学效果必然大打折扣。

2.2 缺少主动，被动教改

照搬来的教学体系虽然陈旧，但作为延续多年的教学模式，经过国内多数建筑院校长时间的教学实践检验，证明其存在一定合理性。同时，为了专业发展而不断增加的招生数量和师资短缺的矛盾，以及青年教师的经验、能力不足，都使教学改革的开展面临困难。在教学条件和资源不足的情况下，保证教学的正常运行便成为首要目标，自然对开展以提高学生综合素质和创新能力培养为目标的教学改革动力不足。

此外，模仿和照搬名校课程体系和模式并未能帮助这些高校建立自身的教学体系，因教学主线不清晰，而为了保证移植而来的原有教学模式中教学载体之间的连续性，对教学内容的调整往往是在对建筑名校教改的观望中被动进行的，教师自身能力与名校教师相比差距较大，教学进度控制和教学效率差，最终成为以牺牲教学质量为代价的课程内容的改革。

2.3 教改流于形式、表面化

教学改革实践往往需要较长时间才能看到具体的教学效果并进行评价，尤其是设计基础的教学改革，其改革效果需要更长的时间才能有所体现。现有的基础教学改革多以教改课题为依托，由于受到教改项目结题时间的限制（一般为1~3年），多数教学改革都在1~2年内结束，教学改革的效果很难得到验证并表现为一种形式化的过程，终结于一篇论文或报告，教学质量难以有大的提高。

从课程教学改革的具体内容上看，改革主要以训练课题的更新为主，多见于对基础课程中某一设计题目和内容的调整，而这种教改并未触及现有教学模式的本质，即基于"布扎"教学模式的、以教师为主导的传统师徒制、经验式的传授。课题形式和内容的更新并未带来教学方法的改变，如果教学改革仅仅更新了程序却还生产旧的产品，教学改革的意义何在？

2.4 专业培养目标与课程体系趋同，缺少特色

从专业培养角度看，课程建设和改革的目标根源于专业培养目标并以专业培养目标为基础，专业培养目标是专业定位的概括与凝练，是专业及其所有相关课程特色的基础与方向[4]。

对于多数采取模仿策略的普通高校来说，专业目标定位基本是仿照建筑名校的发展模式，照搬或借鉴建筑名校的教学大纲和课程内容，模仿者与被模仿者之间，模仿者与模仿者之间，本应多元的培养目标和课程体系却表现出明显的趋同性，多元化、差异化不足。但随着教学改革的不断推进，模仿策略导致这些高校缺少对培养目标和自身课程体系的总体设计，学科基础、生源质量、软硬件条件的巨大差距都使得普通高校的基础教学改革难以长期跟随高端院校的改革步伐，课程的教学改革受高端院校影响较大并常有水土不服的现象。

模仿策略导致的另一个结果就是教学特色的缺失。教学特色建设是专业特色的基础，这里的特色并非针对具体的课程训练，而是指在专业特色目标前提下进行的课程体系建设。普通高校在课程改革过程中只是照搬、借鉴其他院校的教育模式，而没有充分利用地域、学科交叉等条件发展具有自身特色的培养模式，同质化的人才培养已远远无法满足社会发展对多元化建筑人才要求，发展特色建筑教育是普通高校建筑学专业生存和发展的唯一出路。

3 普通高校教学改革问题的成因

普通高校建筑设计基础教学改革问题的产生主要有两个方面的原因，即教学体系的模仿策略和教学研究的不足。

3.1 教学体系的模仿策略

在高等建筑教育迅速发展，新办建筑学专业爆发式增长的背景下，对普通高校和新办专业来说，教学体系的模仿策略无疑是一条发展捷径。

1）教育体制与教学传统

国内数十年来，计划经济体制和传统对建筑教育产生了决定性的影响，院校之间的个性丧失，学院派教育体系一直延续至今，成为主导近几十年中国高等建筑教育教学的单一固定模式。近些年来这种封闭的教育体系虽然所改变，但整体上没有大的突破。因此，这些高校几乎不可能放弃成功运行数十年的传统教学体系而独立开展新的课程体系建设，只能继续沿用传统教学模式。

2）教学基础弱，急功近利

对于多数普通院校尤其新办院校来说，普遍存在办学时间短，教学和科研水平低的情况，其师资条件、办学资源等软硬件条件均无法达到专业评估的要求，甚至有很多院校只是因近年建筑类专业就业率高而开设专业，在缺少建筑教学传统，条件不足且急功近利的心态下，采取简单照搬高端院校早期传统教学体系的模仿策略有助于其迅速开展教学，扩大招生规模。建筑学专业评估对于多数新办建筑

院系是一个长期目标，教学质量并非当务之急，更加重了这种模仿策略的生存周期，进而放弃探索和尝试新的教学模式。

3.2 教学研究不足

上述教改问题产生的原因，不同院校之间也不尽相同，但一个不容忽视的主要原因就在于其教学改革过程中普遍存在的对设计教学研究的不足，而造成这一现象的根源在于：

1）师资培养

普通高校建筑学专业的教师队伍以年轻教师为主，多数教师从高校毕业后直接从事教学，设计实践能力不足，理论教学水平弱，导致其缺少自主从事设计教学研究的能力。从教师的培养来看，多数教师都是传统"布扎"教学模式培养的成果，其教学活动基本承袭了师徒制以个体经验传授为基础的教学模式，在没有系统地设计教学模式和教学方法培训的情况下，教师自然缺少对设计教学模式和教学方法的研究态度。

2）重实践、轻研究的教学传统

国内建筑教育一直有着以设计实践来评价教师个人学术能力的传统，教师的研究往往集中于建筑设计实践方面，重设计实践、轻教学研究的现状导致部分普通高校对设计基础教学不够重视，教改支持力度不足，教学研究更无从谈起。

对于将培养目标定位于应用型和技能型人才培养的普通建筑高校来说，与高端院校定位和培养目标的差异使其注定无法继续复制名校的教学改革，其课程体系改革与高端院校相比面临更多困难和问题，而社会对建筑人才的多样化需求只能通过不同层次建筑院校培养目标的多元化和教学模式的差异化来实现。因此，落后、陈旧的教学模式和社会对建筑人才的多样化需求都迫使作为建筑人才的供应主体的普通高校必须对其课程体系进行针对性的改革。

尽管普通高校的建筑设计基础教学改革存在诸多的问题和困难，但由于其现有定位和教学体系与自身条件存在较大反差，因而摒弃盲从和追随，明确自身的定位与培养目标，构建适应社会需求的专业人才培养体系，是普通高校建筑教育改革的当务之急。

4 启示与借鉴：教学模式转型和教学研究的重要作用

对普通高校来说，发展专业建设和进行教学改革首要解决的就是教学定位和培养目标同质化的问题，根据培养目标确定教学改革方向和课程体系的调整目标，探索自身的教学特色。而对建筑设计基础教学而言，传统教学模式的转型已不可避免，当代表着经验一极的传统渲染教学模式向设计模式转变时，就意味着经验式教学模式向理性教学模式的转变。

普通高校的建筑设计基础教学和思维模式同样面临着转型，对设计教学研究的强调，不仅在于加深教师对课程体系的理解和创新教学方法，转变传统教学模式，整合设计教学体系和明确主线，更有助于教学思维方式的转变，尤其是普通高校欠缺教学经验的青年教师，设计基础的教学研究并不仅仅是以提高教授传统的和现有知识教学效率的教学法研究，而是在设计教学研究的基础上研究和探索设计新的教学观念、新方法和新形式，并通过教学环节传授给学生[5]。而对建筑设计基础教学来说，教学研究的最终目的在于建立一套区别于传统经验式传承的、一和现代的、理性的教学模式。所谓理性的教育，就教学法而言，就是追求一种可描述的、具有可操作性的、系统化的教学方式[6]。

对于建筑设计基础教学研究最具代表性的典型案例就是香港中文大学教授顾大庆和柏庭卫发展的，以集装箱建筑设计作为主干的建筑设计入门课程。这套与香港本地建筑设计传统紧密结合、极具地域特色的入门课程，改变了原来传统设计基础教学先针对设计个别问题进行训练，再进入设计综合训练的教学模式，而是一种结构有序的教学方法，以一个简单的集装箱建筑体系为出发点，提供从基本空间单元到复杂建筑体，从建筑到场地，从空间组织到结构和建造的各种层次的设计训练，并以一个详尽的教学计划作为设计教学的基础，将尺度、空间、建造，以及绘图、模型制作技能训练结合在不同阶段的设计过程当中，对每一个操作步骤做出明确的界定，将设计练习细化到每堂课，并通过对教学进度的精确控制实现教学效率的最大化（图3）。与传

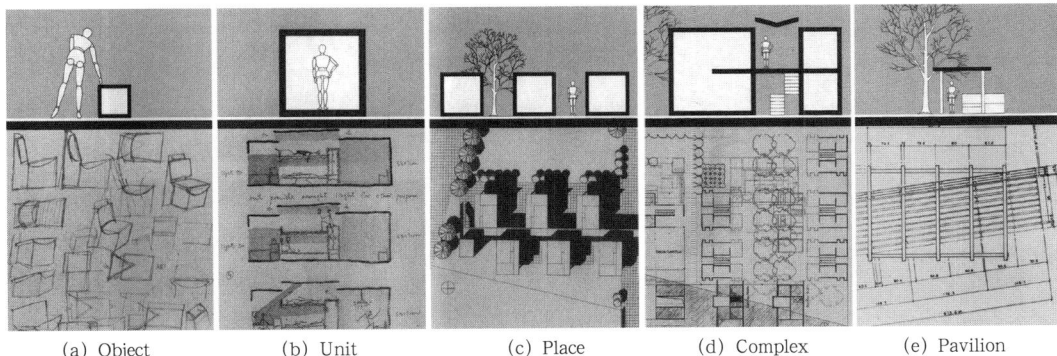

(a) Object (b) Unit (c) Place (d) Complex (e) Pavilion

图3 集装箱建筑设计入门课程

统教学模式相比，无论课程系统性和教学效果都有了质的提升。这里，我们关注和强调的并非具体的课程内容，而是其对不同入门教学模式的比较梳理和设计教学方法的研究过程，即基于对ETH和传统的布扎、包豪斯等模式的教学和设计方法研究基础上，建立一套理性的、结构有序的课程体系的过程。

从香港中文大学的集装箱建筑设计入门课程可以看出 传统入门教学模式和课程结构是一种相对松散、循序渐进的体系，而结构有序的课程体系是以设计方法研究为前提，将设计过程中涉及的相关知识、方法和技能转化为一系列的具有可操作性的练习，最终目的是建立一个有关如何做建筑设计的知识体系，课程就是该知识体系的具体体现，课程的设计、执行和发展的过程就是一个建筑教育的研究过程[7]。这一设计基础教学体系的建构过程，充分展现了设计教学研究在课程体系建立过程中的主导作用，其结果就是一个结构有序的教学体系的诞生。这也代表着教育模式从经验一极转向到一种可教的、理性的教学模式，必然成为未来的设计教育的发展趋势。

5 结语

对于普通高校的建筑设计基础教学来说，经过几十年的发展演变，其教学模式已缺少对于时代的适应性，它的改革仅仅是整个建筑教育体系的改革前奏，而对于设计教学研究的强调，不仅仅以提高普通高校的教学质量为目的，更在于促使其通过加强教学研究来建立符合自身特点的基础教学体系，发展专业教学特色。而且，国内建筑教育在面临一般大学向研究型大学转变而带来重研究、轻教学倾向的背景下，研究型大学和教师的学术考核机制都对建筑学教师的设计实践和教学提出了新的学术性的要求，然而建筑学重实践、轻教学的传统使得现有学术评价机制短期内难以得到根本改变。

因此，明确设计教学研究在教学活动和课程体系在建设和改革中的地位，将设计教学看作建筑学的一种研究方式，是我们教学改革的首要目标。建筑学的学术研究不应是仅针对建筑设计实践的研究，更要意识到设计教学研究的学术性本质，从学术研究的角度来审视设计教学，将其与设计实践研究置于同等地位，才能改变长期以来建筑教学改革仅重视教学方法研究而忽视对教学体系探索的现状，并将对构建我国多元化的建筑教育体系和推动建筑教育的长远发展起到至关重要的作用。

（基金项目：黑龙江省教育科学"一二五"规划课题，项目编号：GBD1211023；黑龙江省高等教育学会"十二五"规划课题，项目编号：HGJXHE2110542）

注释：

[1] 单踊.图说中国早期高等建筑教育史 上·时空篇[J].建筑与文化，2012.(09)；30-35.

[2] 鲍家声.建筑教育发展与改革[J].新建筑，2000.(1)；8-11.

[3] 孙田，戴春，郭红霞.中国建筑教育基本信息统计与分析[J].时代建筑，2007(3)；6-10.

[4] 胡雪松，王欣，汤羽扬.专业特色框架下建筑设计课程的特色建设策略—北京建筑工程学院建筑设计课程特色建设的思考与实践[J].建筑学报，2010.(10)；1-4.

[5] 顾大庆.作为研究的设计教学及其对中国建筑教育发展的意义[J].时代建筑，2007(3)；14-19.

[6] 东南大学建筑学院编．东南大学建筑学院建筑系一年级设计教学研究—设计的启蒙[M].北京：中国建筑工业出版社，2007；13-20.

[7] 顾大庆，柏庭卫.建筑设计入门[M].北京：中国建筑工业出版社，2009；82-90.

图片来源：

图1：作者绘制
图2：作者参考顾大庆的《建筑设计入门》一书中82页对设计训练方式的描述绘制
图3：顾大庆，柏庭卫.建筑设计入门[M].北京：中国建筑工业出版社，2009；92-93.

作者：程新宇，哈尔滨理工大学建筑工程学院建筑学系 讲师

"毯·桥"

——记2013东南大学八校联合毕业设计之"北京天桥演艺区重点地段城市设计与建筑设计"及其反思

朱渊

"Mat-Bridge": SEU Final Joint Design of Eight Universities in 2013 on Urban and Architectural design of Beijing Sky-Bridge Performance District

■摘要：北京天桥演艺区的复兴是 2013 年八校联合毕业设计中的设计主题。本文以东南大学一组毕业设计作为分析对象，从"毯·桥"的设计理念中，诠释日常生活中的演艺与城市建筑之间的紧密关联，并最终从一种厚度的建立，基于日常生活的空间启动，以及模型化的关联梳理进行讨论，由此反思设计与设计教学。

■关键词：毯　桥　日常　演艺

Abstract：The intervention and renovation of the sky—bridge district in Beijing is the main topic of the final joint design from eight universities in 2013，in which we are discussing the association between performance and urban architecture by means of the idea of Mat—Bridge in the work of students from SEU。The research of thickness，the Space engendered by everyday life and the construction of model system are reflected on design and teaching in the final。

Key words：Mat；Bridge；Everyday；Performance

一、教学概要

2013 年八校联合毕业设计由北京建筑大学与中央美术学院共同主持，课程选址在北京天桥地区（图1），题为"介入与激活：北京天桥演艺区重点地段城市设计与建筑设计"。此设计可视为在对传统地区进行批判性思考研究基础上，进行的一次地域特色之当代转译的设计课程。

就课程要求而言，此题首先希望学生思考中国城市发展中传统与现代关联的相关命题；其次在进一步的探索中联系设计实践，反思日常性思考下的乌托邦理想；最后，以演艺为媒介，展示具体的城市意向，并通过建筑深化加以表述。其中，大家普遍关注的过去与未来、城市与建筑、生活与演艺等各种命题的叠加，使设计本身在融入传统设计命题的同时，传递着一种自我超越的当代选择。

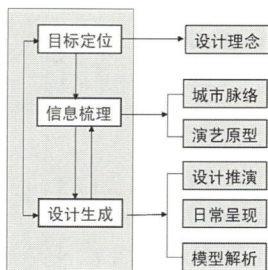

图 1　设计场地

图 2　设计层级

二、教学层级

具体而言，设计教学的过程包括以下三个层面（图 2）：

第一，目标定位——感性认知下的主题确立。设计之初，教学希望能以感知的途径从日常生活、北京的记忆以及传统的要素中，汲取养分与灵感，确立初步的设计意向。这是在城市性格确立的基础上，对研究方向与目标进行认知与定位的感性阶段。

第二，信息梳理——研究性设计的理性判断与整合。这是设计之前各种信息的整理阶段。其首先通过城市脉络，演艺传承等方面的研究，建立抽象与叠加下的城市印象，并在此基础上提出问题，由此作为未来设计的突破口与依据；其次，通过对演艺原型的提取与转化，抽象分析并建立一系列演艺空间的模型化图示，以作为未来空间塑造的原型基础。

第三，设计生成——理性基础上的感性呈现。在信息梳理的基础上，教学希望通过对城市轴线的延续，传统与现代的嫁接等一系列问题的思考，对城市未来提出设计愿景。其最终表达主要体现三个部分：其一，在设计推演的基础上，展现城市的基本状态，如分区、交通、功能等；其二，以一种日常性的思考，展现城市在演艺主题下、不同时间的城市状态的差异化比较；其三，结合模型化的解析图示，直观而清晰地阐述城市与建筑设计的具体结果。

三、教学解析

设计始末，学生从最初的片段性分析到最后的整体性反思，逐渐了解与日常演艺相结合的城市呈现途径与过程。以下小组案例（每组 3 人）将主要阐释其主要的发展过程。

1. 目标定位——从北京印象到"毯·桥"概念的确立

设计之初，北京记忆成为开启设计的感性起点，其中，充满生命力的院落原型成为具有发展潜质的单元之一。我们从图 3 可见，对于北京城市原型的提取，起源于我们对早期城市院落细胞的关注：一合院、一棵树、一片整体的城市绿色，带来的是对未来城市与绿色格局的畅想。这仿佛置身于一种院落细胞的分裂与重组的系统之中，伴随着层级化的细胞生长形成对未来城市的憧憬理想（图 4）。

至此，在"十人小组"（Team 10）成员艾莉森·史密森（Alison Smithson）提出的"毯式建筑"（Mat-Building）[1] 概念模型与北京印象之间，我们仿佛发现了某种同源关联，即一种未来重现的潜在力量。于是，以"毯·桥"（Mat-Bridge）为主题的当代"毯式建筑"的诉求成为本设计目标及理念，并希望在这种城市化建筑与建筑化城市的集中表现中，透析与

图 3　城市印象与单元提取的要素

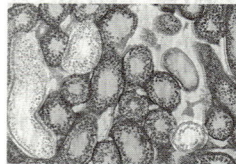

图 4　从城市单元的提取到细胞性的转译

北京传统城市肌理之间的某种对话。这种对话可视为一种情景的共鸣,一种城市模型的全新呈现。在此,北京的记忆将被逐渐融入一种新毯式体系信息的解码之中。

在此,设计意图的确立源于一种原始信息的抽象,一种当代设计的解读,一种面向未来的重释,而这种重释的过程,将以时代的印记,回应历史的沉淀与活力。由此,城市脉络分层化的梳理、提取与整合,为设计带来判断的理性依据。

2. 信息梳理——"毯"与"桥"的展现

在"毯·桥"概念明确的基础上,"毯"与"桥"的概念首先被引入到了信息梳理之中。"毯",包含了场地信息的整合和对演艺原型的解析;"桥",则是对设计策略的阐释。

(1) "毯"

首先,这是一个多层叠加的"北京之毯"。各种历史与城市信息,在不同维度的梳理与整合中,承载了丰富的内涵。其众多要素叠加所呈现的信息,是一种可以被高效便捷读取的有效启动要素,

一种在城市演化的历史过程中,不断被唤起的重要记忆。学生以一种CIAM格网[2.3]式(图5)的分析模式,将各种要素按照年代的不同,以明、清、民国以及当代作为划分,将交通、绿化以及城市控制线等要素进行交叉影响叠加呈现(图6),这使我们在形成对未来城市愿景理性判断的同时,也能清晰感受天桥地区演变脉络、发展趋势以及对传统城市格局的回应,由此开启在天桥传统演艺区的一次城市之"毯"的衍生过程。

其次,这是一种"演艺之毯"。演艺在成为主要话题的同时,一些需要解决的问题在教学之初油然而生:什么是"演艺"?为谁演艺?"演艺"如何以一种日常的方式融入生活,形成一种无处不在的"毯"式呈现?"演艺"空间如何与城市的多样空间结合,形成多元演艺场所?……这些问题在城市演艺内涵的挖掘与传统演艺模式的提取中逐渐清晰。传统的会馆、戏台以及各种公共传统演艺空间的总结、提取、归纳以及抽象表达(图7),可逐渐清晰"演艺"行为与空间之间的

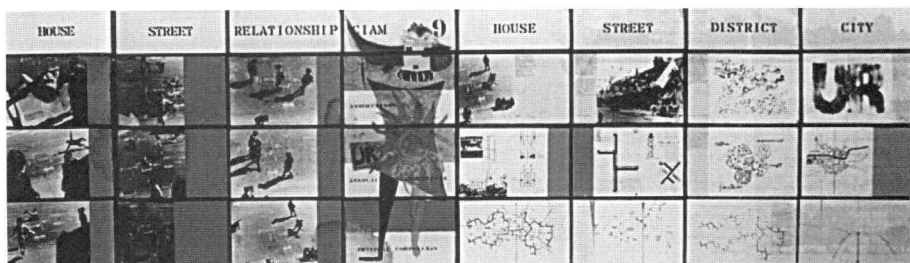

图5 CIAM格网 —Urban Re—Identification

图6 城市叠加分析

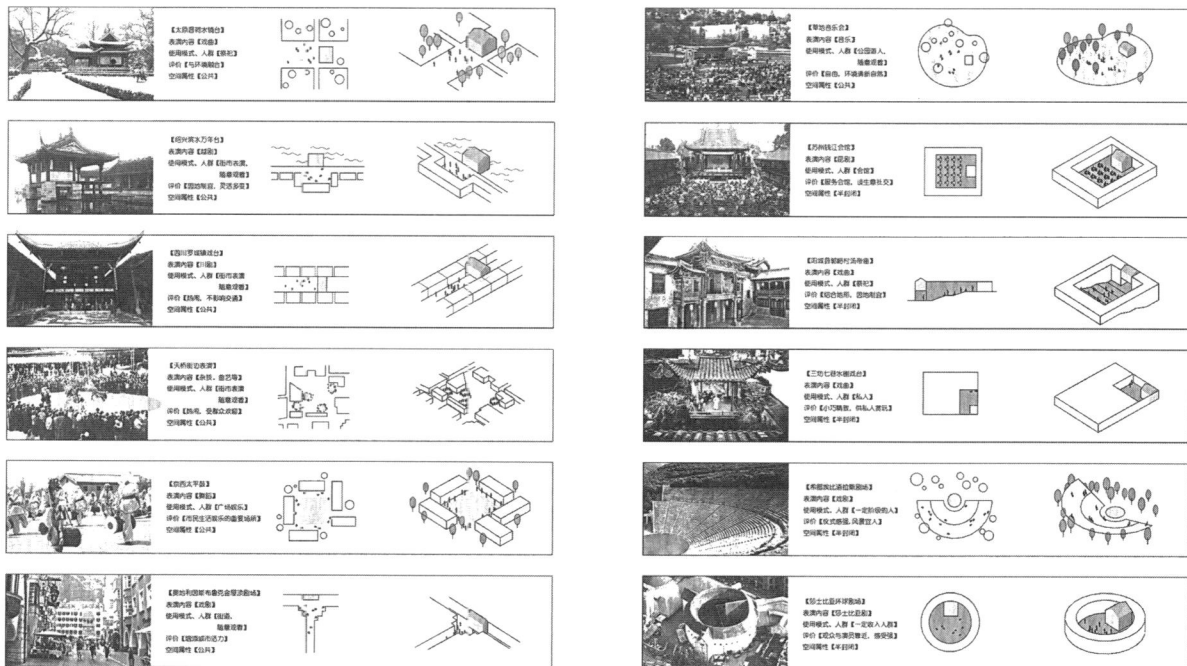

图7 演艺模型的提炼

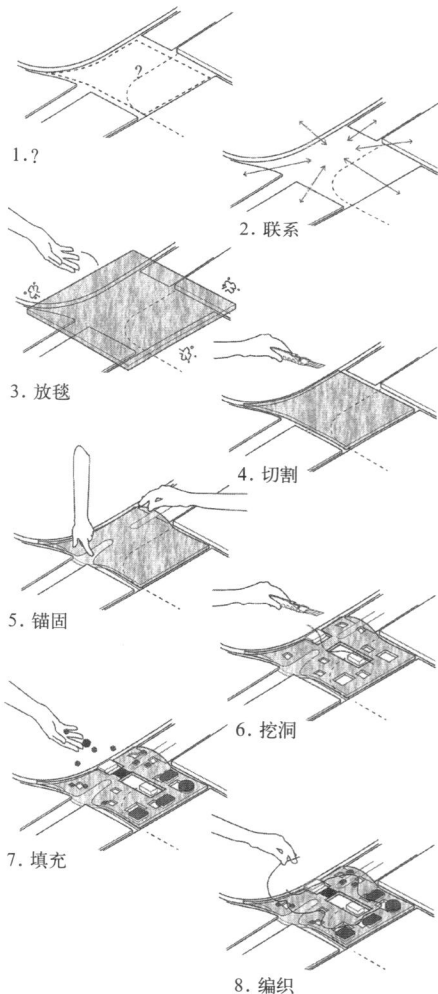

图8 城市重组的过程

多元关联,而这种关联的梳理,也为"演艺"的城市与建筑空间的设计,提供了各种原型化的储备,这些原型也将在设计的有意与无意之中自然流露。我们从图中橙色的部分可以看出,表演舞台虽然在形式与空间的变化上大同小异,但其周边的城市与自然环境、演艺氛围、空间组织以及人们的观演方式却大相径庭,而这种差异,正是在"演艺"的主题下需要重点研究的催化点。

可见,在"毯"的理念引导下的城市之毯、演艺之毯的信息梳理,呈现了各种空间、文化、行为、生活等信息的集成,这也将为设计的发展提供良好的平台与施展空间。

(2)"桥"

其实,在天桥地区被选为设计场地之时,"桥"即已被融于主导话题,并由此引发关于"桥"的一般的嫁接话语。从城市维度来看,该地区可视为一种亟待沟通的交汇点。"桥"的理念也将成为未来城市设计的主要策略的引导,其主要包括:

其一,天桥地区位于北京城市南北中轴线的中南部,是向南延伸的必经之路,在此,北京中轴线在从紫禁城向永定门延伸的同时,一座南北联系延展的都市之"桥"顺势而生;

其二,天坛与先农坛一直是在北京中轴线东西两侧重要的北京印象之一,而两者之间的联系一直在城市的喧嚣中处于孤立的断裂状态,由此,在天坛与先农坛之间产生对话的同时,一座东西联系之"桥"随之产生。

其三,天桥处于老北京传统老城与新城之间的交汇地区,而这种"中介"区域是历史上皇权空间与日常平民空间之间的过渡区,也是现在大都市格局与传统空间之间的混杂区,因此,在传统的皇权城市格局向日常生活格局转化之中,一座具有转承肌理的过渡之"桥"孕育而生。

其四,当代天桥地区的更新设计,是在基于传统与现代之间关联整合基础上面向未来的全新呈现,因此,这座承载传统信息的现代之"桥"将是设计中需要关注的焦点之一。

3. 设计生成——"毯·桥"之日常演艺

(1)设计推演

在信息梳理的基础上,"桥"与"毯"的结合以单元生长与多维编

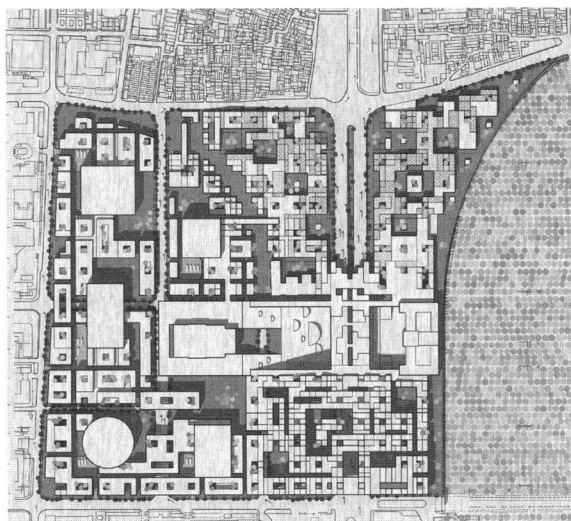
图9 城市设计总平面中的肌理呈现

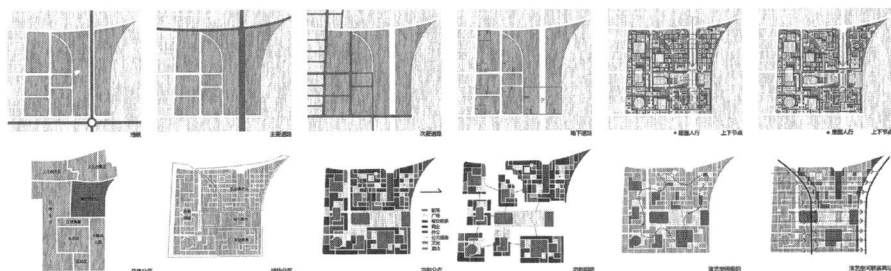
图10 城市各层面要素的分析

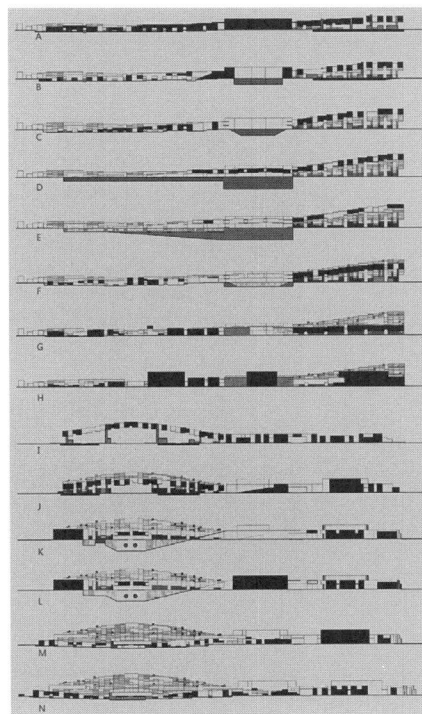
图11 反映城市空间特质的城市剖面

织逐渐组织，形成具有多元属性的城市系统。图8展现了该系统在"联系、切割、挖洞、填充、编织"等推演操作后逐步形成的过程，以此表达对北京传统城市记忆的延续，即一种对未来城市发展模式的思考。其总平面图（图9）基于此展现了大、中、小的"毯·桥"肌理对城市周边肌理的延续。而在此基础上的一系列上与下的操作，则是完善城市基础设施的与塑造城市空间的不同途径。由此形成的各种城市要素的分析（图10）与城市剖面（图11）的解析，则是在"毯·桥"的城市目标引导下对未来城市理想化组织秩序的具体阐释。

（2）日常演艺的呈现

演艺的呈现是在设计推演基础上，以一种图示化方式对城市行为的表达，并以此在融入日常的城市行为空间中，体现"演艺"内涵与表达的多样性。

从图12中可见，城市层面的演艺场所自然生成，伴随着各种城市日常与特殊事件的发生，平日游人如织的城市空间可在重要庆典节日成为容纳千人的表演场所。在此，观众可以是过往的行人，可以是在此生活的居民，也可以是为了特定的目标来此聚集的参与者。而在此欣赏的可以是大屏幕中的精彩演艺，可以是来回穿梭的车流日

景，也可能是具有世界顶级的现场盛会。这里，演艺与观演，不再是正襟危坐的专属，而是融于城市的生活状态，这是一种行为方式，一种事件，一个无处不在而自由变化的日常存在。

（3）模型化解析

在进一步深入的过程中，教学要求通过重点地段的研究，以表达宏观层面塑造下中观层面的具体表达。于是，该设计选取南部地段，集合城市基础设施，在彰显一种城市化意义的同时，以一种建筑方式存在于城市活动之中。其中建筑、生活、表演等要素，以各种模块化途径，展现了中、小型演艺的空间——室内、室内或半室外，组织形成具有日常意义的"观·演"空间。平日，人们在这里休闲、娱乐、喝茶、聊天，是一片日常性的生活场景，而重要节日时间，就自然转化为各种不同标高，不同空间体验和不同舞台效果的表演空间与展示舞台（图13）。该设计将各种活动以一种概念模型化的方式，组织呈现于错落的城市"舞台"中，用以呈现演艺空间与传统的原型之间千丝万缕的关联（图14）。在此，城市与建筑的界限逐渐模糊，建筑的演艺平台以一种模块化的"标准"，多维度地逐渐融入城市化的日常演艺之中。

图 13 日常空间与表演舞台间的转化

图 12 日常舞台的事件化使用

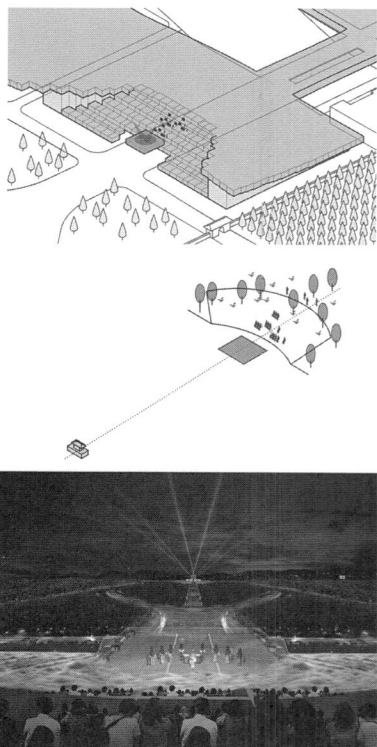

图 14 传统表演舞台的当代表达

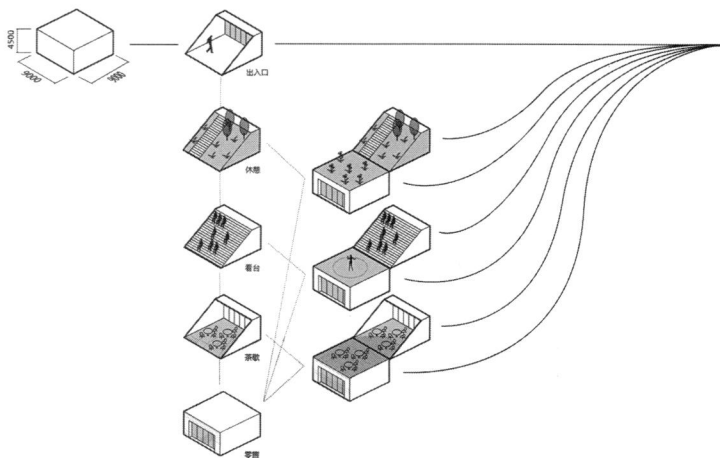

"城市是一个大的建筑，建筑是一个小的城市"[4]。学生在进行城市与建筑的转化中，逐渐清晰地感知城市建筑化与建筑城市化的持久魅力。而这种魅力以人们的日常行为为媒介，产生具有双重属性的多元价值。

四、教学反思

1. 一种厚度的建立——综合编织下的"毯·桥"诉求

设计教学伊始，学生即已将关注点投入一种融于日常性城市建筑的综合表达。因此，无论城市、建筑或是人本身而言，均非一种孤立的表达，而是一种带有某种"厚度"的综合呈现。这种厚度，在承载了各自内涵与拓展意义的同时，也蕴含了一种综合力量。例如，城市本身在拓展为一种连续"毯"状城市肌理延续的同时，包含了不同层级的演艺空间与其相呼应的各种情景的产生；而建筑在自身承担演艺功能的同时，也同时承载了城市基础设施的功能。在此过程中，对于人的日常行为与生活的关注与研究，激发了城市与建筑之间的互动关联，而这种多维关联的建立也同时引导了另一种全新的综合体验。这种作为设计教学的关注点的行为体验，也将在城市建筑的互动推动下，成为一种可以推动设计的整体系统。

可见，在此"厚度"概念的建立（图 15），将使学生逐渐明确城市综合系统的建立要旨，并在目标确定、信息梳理以及设计生成的过程中明确其多元意义。

2. 日常行为的空间启动——宏大叙事、民间演艺以及生活方式的并置

德博拉·伯克（Deborah Berke）在《关于日常建筑的思考》(Thoughts on the everyday)[5]中认

为,"日常建筑可以触发感官"。于是,设计教学中强调将日常的感官与行为对城市与建筑生成的激发成为一种设计启动的途径。这种启动强调,可化解那些标新立异的多元生成中毫无意义的盲从,也可将城市与建筑的建造更接近使用主题的人的最终诉求,由此创建更为人性化的城市与建筑。本次课题中演艺作为强有力的媒介,希望在诠释其深层内涵剖析下所带来的空间、形式、系统的差异与多元,并由此激发城市的宏大叙事与民间的演艺活动之间的并置和互动(图16)。这在以城市广场、基础设施、街头巷道等城市要素紧密结合的基础上,获得全新的演艺、生活的场所。而这种从深层的内涵中清晰而自然地流露出的城市与建筑的日常性,也以一种广义的演艺特征,一种史密森夫妇所认为的"As Found"[6]的日常美学,即一种积极的,具有主动意识的日常体验,诠释了日常演艺带来的全新、多元而综合的城市活力。

可见,这种在设计教学中强调的日常性的开启,将引导学生从另一种途径介入设计,并由此得出具有大众认知特性的理想化城市状态。

3. 模型化的关联梳理——从感性体验中找寻理性的设计教学

设计教学,是一种复杂、含混而难以名状的活动,往往感性的判断会直接导致最后的生成结果。"毯·桥"的设计教学中,不自觉地贯彻了一种使感性要素理性化的发展模式,并希望使设计者(学生)清晰每一步的重要意义以及最终需要达到的成果要求。其中,城市肌理演变的模式分析,演艺空间模型的归纳,以及最后"毯·桥"生成过程的推理等,无不强制性地要求了一种说理过程。由此,感性到理性的蜕变,不仅代表了一种设计过程的可教与可学,也反映了设计本身其实是一种有据可循的过程,是一种不断科学化的过程。而这种理性则建立在一种对感性的观察、敏感、认知表达的基础之上。具体而言,它是一种基于日常性关注下的价值观的潜移默化地逐步输出。在此,设计者暂时脱离了对建筑本体的关注,将注意力集中于"外围",如人的活动、行为习惯等,乍看南辕北辙,其实更加接近了建筑本身。而这种对本体的关怀与行为的植入,将伴随着一种理性的归纳与集合,为未来的城市与建筑品质的提升带来更为深层的催化与驱动,并由此带来具有生命力的"形式"与"标识"(图17)。

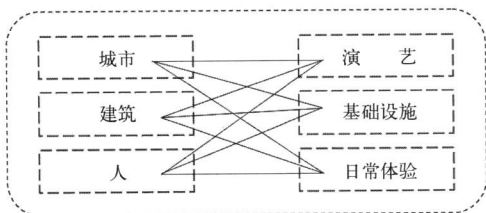

图15 厚度的建立

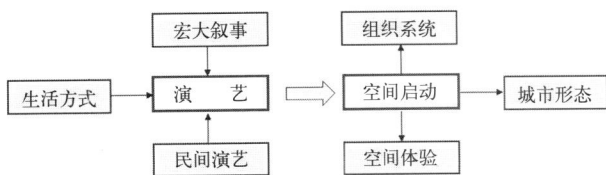

图16 日常行为的空间启动

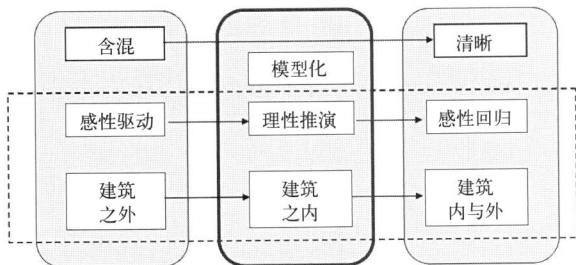

图17 设计教学中模型化的关联梳理

五、结语

"感性下的理性呈现"、"日常性的空间启动"、"城市建筑化的厚度表达"……这些如果能够概括"毯·桥"设计教学的基本意图，那么其目的即希望在繁复的"教"与"学"过程中，清晰一个已然熟知但仍需再次强调的起点，并希望在这种起点下，让"教"与"学"双方在潜意识中收获一种设计的思维深度，一种对城市与建筑的研究态度，一种对日常生活中的人本身的关注立场。这仿佛可以在持久的教学意识的输出坚持中，带来某种更为宽广的反思、革新与演绎的空间。

（本案例设计学生：任顺骏、卢德薪、曹大卫；指导教师：朱渊、仲德崑、张彤、夏兵）

（基金项目：本文高等学校博士学科点专项科研基金新教师类资助课题，项目编号：20120092120005；受国家自然科学基金青年基金资助，项目编号：51308099；受东南大学城市与建筑遗产保护教育部重点实验室 2012 年度开放基金资助，项目编号：KLUAHC1212）

注释：

[1] 她在《如何理解与阅读"毯式建筑"：建筑的主流应当向毯式建筑发展》(How to recognize and read MAT-BUILDING: Mainstream architecture as it has developed towards the mat-building) 中提出此概念，她以坎迪利斯－琼斯－伍兹 (Candils-Josic-Woods) 网络化城市构架为原型，架构了"毯式建筑"概念，由此诠释网状城市化建筑理念的发展轨迹。在她的描述中："'毯式建筑'可被视为一种优化的集群，其中，功能对结构起到了积极的支撑作用，而个体在一种基于相互关联的模式和发展变化可能性的全新秩序中得到解放"这种来自于 20 世纪中叶的"毯式建筑"阐述了"一个水平的物体，相互编织，……一种密度或者扭曲的成长，……一个矩阵的形成"

[2] 20 世纪中叶，CIAM 成员在项目的研究中进行分析的一种信息整合的模式。
[3] 朱渊 . 一种分析工具——"CIAM 格网 (CIAM Grid)"研究 [J]. 建筑师, 2010 (03) : 25-31
[4] 蔡勇 . 整体秩序与群化思维——结构主义建筑观的启示 [J]. 新建筑, 1999 (6)
[5] Steven Harris, Deborah Beake. Architecture of the Everyday[M]. Princeton Architectural Press, 1997
[6] Claude Lichtenstein. As Found: The Discovery of the Ordinary[M]. Baden : Lars Müller, cop. 2001

图片来源：

图 1：学生在作者指导下绘制
图 2：作者自绘
图 3、图 4：学生在作者指导下绘制
图 5：Team 10—in search of the utopia of present
图 6~图 14：学生在作者指导下绘制
图 15~图 17：作者自绘

作者：朱渊，东南大学建筑学院　副教授

孔宇航　余　亮　冯果川　朱　晔　徐小东　曹　勇　张昕楠

明　焱　裘　知　袁　涛　胡一可

竞赛杂记

孔宇航（天津大学建筑学院教授，博士生导师）

在面对未来复杂的社会环境，在大学教育中强调设计竞赛力的培养，无疑是行之有效的教育思路与重要策略。大学生建筑设计竞赛是竞争力培养的重要因子，目前中国出现的层出不穷的竞赛现象是社会进步的重要标志，在发现建筑界新星的同时亦是使大学教育与社会有机对接的重要手段。

在建筑教育体系中，组织与指导大学生建筑设计竞赛应视为常态化工作之一。笔者以为，作为建筑学专业设计课指导教师，如果未能在其教学生涯中指导大学生参加过各种各样的竞赛并获奖，起码很难以优秀指导教师来定义。关于建筑学专业大学生走上社会大致有这样两种出路：其一为职业生存型，即学生在大学期间掌握职业性技能，成为其执业的基础；其二为职业成功型，即学生在学期间，除了掌握建筑学专业必需的知识与技能外，还拥有走向社会竞争的潜力，并适应不断变化的社会动态。

良性循环

作为学生，在其建筑生涯中，其在大学期间有无参与竞赛，参加竞赛有无获奖，是其一生中重要的里程碑。竞赛参与的过程，是信息量汇集、精心打造、团队合作、师生探讨的艰苦探索的过程，会留下深深的印记；而获奖更是对学生艰辛创作的肯定与认可，同时也是对其从事专业学习以来的价值在更高层面上的认同。

作为教师，指导竞赛的过程，是自身知识结构提升的过程，不仅要对当代建筑思潮具有更加全面与深入的了解和掌握，更应该懂得如何去激发学生的创作活力与激情。从敏锐地捕捉设计概念到竞赛成图的表现力，一切均在其熟练的掌控之中。竞赛的指导会将个体已有知识与时代走向有机整合的过程。一方面防止知识老化，另一方面促进新陈代谢，所以设计竞赛是双赢局面，学生获得荣誉，指导教师在自觉或不自觉地升华其才能与智慧。

作为组织，设计竞赛获奖程度，在某种意义上，是检验其整体教学水平的试金石，一个学院或系，如果每年在国内、国际的竞赛中有一批学生获得各种奖项，则表明该学院的整体教学水平一定是优秀的，或起码拥有一批热衷于教学的优秀设计指导教师。在大学里，学科建设、科研水平固然重要，然而如果整体教学水平良莠不齐，则有误人子弟之嫌。大学之本在于育人为先，因此如何有效地组织、制定培养学生竞争力的教育方略，是办学是否成功的价值体现。

竞赛追忆

自 1995 年至 2013 年，笔者几乎每年都参加全国高等学校建筑专业指导委员会及院长系主任大会，大会有各种主题。然而有意思的是，每次会议之余，院长们聚在一起，会谈论各院校获奖数目，有相当长一段时间，重庆大学一直位居榜首，受到众校的称赞；东南大学和天津大学对竞赛亦很重视，每年成绩亦很优秀；而作为后起之秀的大连理工大学在建筑学专业办学 12 年之后，能够进入全国建筑教育界视野的首要因素，是大学生竞赛获奖业绩，从 1996 年至 2007 年在逐年攀升。由上而下的组织，逐渐过渡或由下而上的学生自觉意识。每年获奖数的提升亦使学生设计激情高涨，并有效地提升了教师指导设计竞赛的热情，同时使各年级学生整体设计水平水涨船高。2006 年，青岛理工大学建筑学专业首次评估通过后，即着力组织大学生竞赛，成绩斐然，其获奖数在后续几年优秀作业评选中名列前茅。自 2010 年到天津大学建筑学院工作以来，发现天大在大学生竞赛方面具有悠久的传统，20 世纪 80、90 年代出版了一本大学生竞赛作品集，是各校学习的榜样。为了应对未来社会日益增长的竞争力，学院成立了竞赛指导小组，并与《城市·环境·设计》(UED) 杂志社共同策划了"霍普杯国际大学生设计竞赛"、"亚洲新人战"等一系列竞赛项目。在近三年的各类竞赛活动中，天大学生共获各类国际、国内竞赛奖项 100 余项，极大地推动了教学水平与学生学习设计的热情，从近几年重大的专业赛事看，天津大学、哈尔滨工业大学、西安建筑科技大学、华南理工大学等学校取得了可喜的成绩，亦从侧面反映这些学校对竞赛的重视。

纵观全球当代建筑界，大部分杰出作品均是从各种重大的国际竞赛中脱颖而出。伍重的悉尼歌剧院、埃森曼的哥伦比亚视觉艺术中心、屈米的拉维莱特公园、李布斯金的犹太人大屠杀纪念馆、霍尔的芬兰现代艺术中心，以及中国当代相当一部分公共建筑，亦是通过公共招标或邀标的方式，选出获奖者再进行委托。由此可见，大学建筑设计教育，应构建一套培养学生竞争力的培养方案与教育体系。

结语

竞争无处不在，大至国与国之间实力的比拼，小至人与人之间能力的博弈，建筑设计竞赛的出现是以公平参与、优胜劣汰的方式呈现，衡量大学建筑教育成功与否的关键因素之一是其毕业生参加工作后，能否在其职业生涯中，在各种形式的能力比拼中，脱颖而出，成为建筑师群体中的佼佼者。大学教育不仅仅是提供学生必要的专业知识与基本技能，更为重要的是激发学生的创造活力与竞争意识。

竞赛何其多　评价何其难——合理、公正、权威的设计竞赛体系与规范化思索

余亮（苏州大学金螳螂建筑与城市环境学院，建筑与城市规划系主任，教授）

作为一名专业教师，我对目前国内五花八门的建筑设计竞赛，尤其是大学生竞赛，有着不同的感想：既高兴地看到建筑事业兴旺发达，学生参赛热情高涨，同时又略有遗憾之感，感觉现在大学生中举办的竞赛还有不少欠妥之处，这里愿提些拙见与同行们商榷。

从专业上分类，各种设计竞赛可分为建筑、城市规划、风景园林和室内设计等方向的竞赛，相对来说，建筑专业发展起源早且专业发育齐全，故建筑类的竞赛最多、涉及范围也最广；主办机构往往有政府、行业协会和企、事业等几种；等级规模上，可分为国际、国家、省市和地方等四级（图 1）；竞赛举办间隔可分为每年一次或二年一次这样定期的和不定期的方式；参赛资格有学生、企业或者无限定；提交成果也可分为设计方案类、演算类和策划类等等，可谓五花八门。这里主要议论大学生的设计方案类竞赛。

从国内建筑学专业较权威的竞赛看，由较早的每年举办一次的“全国大学生建筑设计竞赛”，到以后“全国大学生建筑设计作业观摩与评选”，以及 2011 年至今的“全国高校建筑设计教案与作业观摩与评选”，加上企业命名的“Autodesk 杯全国建筑院系建筑设计教案与作业评优／教案评优”等，正规权威竞赛已历时 30 多年，应该说竞赛已深深地扎根于学生的学习生活中（图 2）。截至 2012 年，全国共有 260 所高校开办建筑学专业，在校本科、硕士和博士生已近 10 万人[1]，如按 2% 的参赛学生计算，则每次竞赛将有 2000 个作品，因此，正确评价这些作品是竞赛非常重要的一环（图 3）。

作为教师，我非常鼓励学生参加竞赛。通过竞赛，可以巩固和验证学生的理论知识掌握程度，学生在竞赛中充分发挥自身的设计能力，能够早日得到社会认可，真正地实现“梦想成真”。当然，不管是否获奖，相信学生都会从中受益；如果能得奖，对学生来说，既是学术能力被认可一种证明，更是一种无形的荣誉。特别是未来将要面对的入职、考研等几个人生重要节点，竞赛获奖能对学生带来非常积极的影响，有些甚至还能在考研时得到额外的加分等鼓励。

但是，需要指出的是，竞赛还有一些需要改善的问题。归纳起来，我认为有竞赛规格梳理不够、奖项含金量不明确、评选方式过于主观、感性，以及缺乏严密的评价标准等问题。评选是评委对学生作品扣题、设计创意等结果做出的打分与评价，其标准为评委各自的阅历、审美观和专业特长等因素左右　特别想说的是，有时学生花费多个通宵达旦的构思形成的设计方案，也许评委们的几秒钟目视就被否定出局，过程不能不说是“惨烈”。虽然这些过程学生不一定了解，但这种少理性（依据每件作品的可能评选时间）、有些偶然的

图 1 获奖者的喜悦 2012 威卢克斯国际建筑设计大赛获奖学生

图 2 Autodesk Revit 杯全国大学生可持续建筑设计竞赛的官方网站宣传

图 3 眼前众多的设计作品：科学、公正、合理的评选实属不易

评判也许会挫伤学生的积极性。更有甚者，有的主办者或参与者从商业或其他利益出发，在评选过程中利用事先约定的手段炒作或暗箱操作，其中利用互联网拉票、投票等就是例子，这些行为直接影响学生们对社会的正确认识；特别是大学生涉世未深，这种现象的蔓延容易降低学习积极性、丧失专业热情，更重要的是助长了歪气。为此，我提出以下的改善建议：

1．规范设计竞赛：现在争对学生的设计竞赛门类多、数量多，良莠不齐判断难，为此需要研究竞赛的规范化方法，对各种设计竞赛统一梳理归纳，一是整理现有学生设计竞赛的不同层次结构，确认权威性，至少目前的权威性难以确认；二是尽量公开竞赛信息，让学生明了，也让社会认知；三是既然是学生竞赛，最好在各竞赛规则中明确表明是否可以结合课程设计，如结合了需在提交作品中注明，因为现实中有些学校组织学生将竞赛作为课程设计后提交，无疑准备充分，这样对"业余选手"是不公平的。

2．奖项数量的管控：有些竞赛获奖面达到 1/3 以上，虽然学生竞赛以鼓励为目的，多设些奖项无可厚非，但奖项太多好比"掺水"，水分太多稀释之后肯定味道变淡，结果损害竞赛权威性，因此需考虑是否可以缩小获奖面。另外，奖项数量要事先公告并不能日后改动，有些设计竞赛奖项数量为不确定的动态，最终还会增加奖项，降低了严肃性。

3．科学的评选方法和标准体系：形成科学、公正、公平的评选方法和评判标准是设计竞赛的基本要求。目前大部分的设计竞赛评选方式过于主观、感性，虽评选有许多方法，但离不开可能的评选时间和总图纸量来判断。假设有 1000 份作品和 20 名评委（多的假设），那么每人平均需分摊 50 份，如果给予 6 小时，则 1 小时就需评完 8.3 份作品，对于每份有 3、4 张图纸的作品，要在这些时间内读懂图纸并给出恰当的分值等评价绝非易事。况且评委们还需较多的合议时间，碰上评委人数不多时，更需增加每人的评选份额，即便延长时间，评委因疲劳也会使评选质量打折。这说明需要从技术和方法论的层面，合理地建立科学评选方法和标准体系的紧迫性和必要性，特别是利用现代科技手段。可以设想这样的评选方法和标准设置由全国高等学校建筑学学科专业指导委员会（简称"专指委"）来认定和颁布，包括监管方法等，使其具有权威性和严肃性，促使今后的竞赛评奖有章可循，引导评选过程逐步从感性过渡到理性，尽量做到评选客观公平，透明清晰。为此，笔者曾在地区性的"乐思龙"杯第一届"On the path"苏州市高校建筑设计竞赛中，尝试运用了较为理性的评价方法，收到了不错的效果。

4．统一的竞赛查询系统：建立全国性的竞赛结果查询系统，如通过专指委的权威网站查询，目的是能够容易地辨别各种竞赛的真伪，最大限度地防止作弊行为，增强竞赛的公正与合理性，提倡正气和传播正能量。

注释：

[1] 仲德崑．中国建筑教育——开放的过去，开放的今天，开放的未来 [C]//2013 全国建筑教育学术研讨会论文集，北京：中国建筑工业出版社，2013.9.

作为景观的设计竞赛

冯果川（筑博设计股份有限公司，执行总建筑师）

设计竞赛是一种竞争，我们大都相信充分竞争能促进一个行业的发展　也相信通过竞争自己能够快速成长。这难免使我们，特别是青年的建筑师和建筑系学生对竞赛充满激情和想象。但是我们在什么背景下竞争，怎么才能让竞争充分，竞争的标准是什么，等等，都是非常恼人的问题。恼人的问题，青年建筑师们不愿意较真，只想在看上去很美的竞赛中"痛快"一场，结果往往被现实打得找不到北。

这些年深圳搞了不少设计竞赛，在国内甚至国外都口碑不错，比起国内其他城市，深圳的竞赛无论组织水平、作品质量、社会反响，都是比较出色的。于是不少建筑师就会对深圳的设计竞赛投射上一层幻想光晕，而深圳主管建筑设计的官员们也觉得"深圳竞赛"是个响当当的品牌。但是设计竞赛不该是靠组织者和参赛者双方的美好的想象就可以搭起来的海市蜃楼（或者说现在的竞赛也许只是海市蜃楼）。看似美丽的"深圳竞赛"恐怕还是有些需要被戳破的肥皂泡，我并不是要否定深圳竞赛，而是以此反思国内各地正热闹着的建筑设计竞赛。

深圳设计竞赛的起源并不是某些技术官僚的理想主义或者学术追求，而是官场上的"小尴尬"。本来深圳建筑设计招投标的主管单位是规划局（现在的规划和国土资源委员会，简称"规土委"），但是前些年这个职能被住房和城乡建设局（简称"住建局"）拿去了，也许是因为住建局常年搞建设工程的招投标，所以在如何贯彻建设部82号令、规范设计招投标程序方面把"书生气"的规土委给比下去了。规土委并不甘心也不放心，于是要求把重大项目和重点地段的建筑设计招投标继续放在规土委，但是已经不合适叫设计招投标了。规土委"秀才"多，就想出"设计竞赛"这样一个颇有灵活性的名称，既是投标又不是投标，而且听起来又比投标显得学术范儿。

从此深圳住建局的建筑设计招投标和规土委的设计竞赛就走上了不同的道路，也导致了深圳建筑师群体的分化，这两个招投标平台都深刻地改变了深圳建筑设计的价值观和发展方向。这里我们主要讨论规土委组织的设计竞赛。因为叫"设计竞赛"，这里面发挥的空间就很大，比如说投标必须是实际工程，但是竞赛就不一定了。例如2009年深圳的水晶岛竞赛，已经5年了，项目也没有落实。既然是还没落实的项目，为啥要搞设计竞赛呢？这恐怕还是从社会大环境来看更清楚。如今城市之间的竞争很激烈，景观已经成为城市竞争的重要手段（不是狭义"景观"，而是借用居伊·德波《景观社会》的概念，包含我们常说的"市容"，但更重要的是电视、互联网等媒体营造出来的景象）。各地大搞形象工程就是一种景观大比拼。但是建筑、广场、公园、大道等实体性景观不但费用高昂而且实施周期长、难度大，所以在这些形象工程还没有实施条件的情况下，先搞个竞赛渲染气氛、制造声势、搜集理念，相对成本低、效果好。举个深圳近期的例子——深圳湾"超级城市"竞赛（图1），仅题目就让青年建筑师血脉偾张，头奖更是高达200万元，要知道这个奖金只需要赢得概念设计竞赛而不需要后续设计，比真实项目的设计费丰厚多了，所以在唤起了大批建筑师的设计热情的同时，也唤起了一些投机心态。这个竞赛标书有言在先，得第一也不会实施，主要是广泛征集先进概念，探索未来城市发展趋势（兼宣传造势？）。假设设计竞赛意在宣传，那么竞赛的评价标准就难免追求宣传效果的最大化。比如说选评委要选声名显赫的"大腕儿"（名气、专业水平以及评审的专注度并不一定正相关），"大腕儿"档期紧张，所以评审时间就要短，时间短、任务重，评委们就可能无法完整阅读每个提案，有几十个甚至上百个提案的时候，往往看看模型和展板就淘汰了绝大多数。就算最后看了文本也不会花太多时间思考辨别。这样的情况下，竞赛提案就不能做的太晦涩、深奥，需要直白、抓人眼球，同时有个简单、上口的名字（别小看名字，评审最后阶段往往是有名字的容易被提及）。低设设计竞赛意在宣传，选上的方案也要符合传播学的要求，同样是直白、抓人眼球，同时有个简单上口的名字（好传播啊，全国人民一提"大裤衩"、"鸟巢"都知道）。这么一来就会发现，设计竞赛的评价标准是建筑专业标准掺和进很多传播学内容（甚至可能颠倒过来是掺和了一些建筑学内容的传播学标准）。当"深圳竞赛"喊得越来越响的这两三年，深圳的建筑设计导向不就是走向肤浅和哗众取宠吗？当然，深圳的哗众取宠并不是简单地做个象形建筑那么低级，而是披着

(a) 入围前三的设计方案：云中之城

(b) 入围前三的设计方案：汇谷林城

(c) 入围前三的设计方案：微风之城

(d) 其他入围的设计方案：超级立方

(e) 其他入围的设计方案：山外山

(f) 其他入围的设计方案：深圳环

图1　评委会初步选定的深圳湾"超级城市"国际竞赛结果

先锋噱头的奇观制造，深圳常常歧视那些兢兢业业的商业公司而青睐天马行空的"先锋"事务所（并不是说商业公司都兢兢业业，"先锋"事务所只天马行空）。"先锋"的品牌是建筑师长期积累形成的，但是在别处"先锋"，来了深圳就要迎合深圳竞赛的标准，结果有时候深圳让国际上"先锋"建筑师来这里做了张扬而肤浅的"坏设计"。比如霍尔设计的万科中心，名曰"水平摩天楼"：一条长龙横在高高的半空，把后面住宅看海的视野全挡死，底部自己看不到海的部分全架空，说是为了让出公共空间给城市，但是外围的绿篱一拦，保安一站，公共空间从何谈起？但这一招的奇观效果倒是很明显。库哈斯设计的深交所"超短裙"也是很贵、很搞怪，也是说这么一架空就可以为城市提供公共空间，其实超短裙的下面是一个一层高的大基座，还有霸气十足的大台阶，哪里是给市民的公共空间？而且这个方案还突破了游戏规则：原城市设计要求该项目分散在四块用地上，库哈斯不守规矩直接把地块红线来了个"四合一"，然后在合并的大地块中央摆了这么一座蛮横的巨型塔楼，想想看别的方案都是四栋小塔楼，气势上就先输了，但是城市空间要的是这种霸道的气势吗？怎么不遵守游戏规则的不废标反而赢了游戏？但是对于需要奇观制造影响力的领导来说，那都不是事儿！

在深圳，有些建筑师（包括我本人）确实需要靠投标和竞赛来获得项目，但是竞赛这种追求表面和奇观的趋势显然会改造建筑师的价值观，所以在深圳专研细部建造的建筑师和设计思想上玩深沉的建筑师基本上没有（都被淘汰了）。相比竞赛比较少的上海，就有不少独立的建筑师，他们没有做"张牙舞爪"的建筑，设计显得平和内敛，细部精雕细琢，处处透着思维的缜密。如果说在深圳竞赛刚刚开始的几年还对建筑设计思潮有所推动的话，那么时至今日，这种推动已经不过是个神话了。如今的现实是深圳设计竞赛导致建筑师日益用花哨、时尚的手法掩饰思想内在的苍白。前文提到的"超级城市"竞赛就是个例子，入围的方案大多是比狠斗怪的"奇葩"，这样的竞赛再被追捧，只会导致深圳设计水平的进一步退化。

深圳竞赛另外还有一个神话：许多青年建筑师主持的小事务所通过没有门槛的公开竞赛脱颖而出。官方常举的一个例子是观澜版画基地美术馆竞赛。媒体上说这个竞赛让名不见经传的年轻人脱颖而出中标了，其实真正中标的是国内最大的一家民营设计机构，只不过因为这家公司当时想交两个方案，一个用公司的名义，另一个就只好利用资格审查的漏洞以个人名义提交，结果个人名义投的这个中了标，媒体上宣传得沸沸扬扬，大家也就不便说破。当然深圳还是通过竞赛发掘出个别小事务所，但对于偌大的深圳建筑设计集群来说，这个数只能算聊胜于无。而且这几家小事务所处境很不轻松，说到底深圳的设计市场和竞赛并不适合小事务所生存。一般说来，大家做10次竞赛，中1次就不错了，可是小事务所很难承受这么多次竞赛的成本支出。在深圳也有所谓的公开竞赛，没有门槛，但是也没有标底费。不差钱的知名设计机构通过资格预审筛选获得标底保障，而没名气的小事务所却只能在公开竞赛中自费参加，不中标的次数一多就很难支撑。深圳又鲜有适合小事务所的、不必投标的小项目。这恐怕是中国的土地所有制造成的，能在这种土地制度下生存的开发商基本上都是大资本，干的也是大项目，相比之下，或许在历史悠久些的老城市（比如上海、北京等），土地权属复杂，相对容易出现小型项目，也容易培育出小事务所。

以深圳竞赛为例，质疑的其实是景观竞争语境下的全国各地的设计竞赛，希望建筑师们不要把自己的才华浪费在为权力搭建虚幻的布景上，也希望给"发烧"的竞赛组织者的头脑降降温。

作业与竞赛

朱晔（独立艺术家与策展人，城市研究者，广州美术学院城市与建筑艺术研究中心副主任、建筑艺术设计学院副教授）

作为刚刚通过高考并且还复读过的学生，1992 年我进入重建工（现在的重庆大学建筑城规学院）的时候还对建筑懵懂无知。到了大学二年级开始了设计课，才对所学的专业有了些许感觉。设计课是按照建筑类型来设定的，由易到难经历了大门设计、冷饮店设计、别墅设计、幼儿园设计、住宅设计……直到毕业时候的高层建筑设计。对于刚刚学习建筑的自己而言，每一次的作业题目和设计过程都是有趣的，而等到评分的时候却往往是无趣的，因为难免为了自己得"良加"而有同学得了"优减"而失落。

当时建筑系有本学生们自己编的杂志，叫做《建卒》，意思是作为学生要有小卒过河、一往无前的勇气。《建卒》杂志一个年级编一本，由大三或大四的同学们负责。我第一次领到的是第 6 期，里面写满了师兄、师姐们的各类学习和实践的感悟及案例，还有翻译的文献资料。这对于大学二年级的我无疑是极其重要的，因为在里面可以看到自己可能有什么样的未来。过了没多久，我在图书馆买到了从创刊号开始的其他 5 期。其中印象最深刻的是第 4 期，因为里面刊登了 1987、1987 两年日本《新建筑》杂志竞赛中，各位师兄、师姐们的获奖方案，至今仍有印象的方案包括张汉陵、王方戟、朱涛、李舒、汤桦等人的作品。在资讯尚不发达20 世纪 90 年代初，这像是突然打开了一扇建筑的天窗，让我看见除了考虑实际的"基地"、"功能"、"造型"这些老师们会讲的东西外，建筑的"概念"是更为有趣的设计方式，而每一个"概念"的背后则是对建筑学相关领域的思考和探究。

那个时候高我一年级的同学们已经在积极地参加这项竞赛了，九一级的梁卫平和徐孚做了两个方案，一个叫做《核之宅》，一个叫做《气之宅》，这两个方案都终极地指向了未来的不确定性：人们住在原生的核里，生活在大海深处；或者干脆脱离开一切物质的形式，生活在云端。再后来等到我大三的时候，同班卢志刚也报名参加了那一届的《新建筑》竞赛，他的方案是个可移动住宅。我记得他的方案用了颗真的鸡蛋，放在一辆模型车上。当时我们开玩笑说，要是你的"鸡蛋建筑"自己会走，没有下边那辆车就更好了。那时候，我们还不知道 Peter Cook 和他的"建筑电讯"（Archigram）小组。他们都没有获奖，但即便如此，我还是觉得他们参加竞赛的方案比做误程作业显得更有趣，因为那和成绩、评优、保研等等没有任何关系，完全是凭自己的兴趣去做的事。

到了大学四年级的时候，我和同学们看到了李巨川参加 1994 年《新建筑》竞赛的获奖作品。这一年《新建筑》杂志的竞赛主题是"都市居住"，即探讨人类在都市环境中的居住形态。李巨川的方案是随身带着一块砖，并且在一周的时间内与这块砖头共同出入城市内的各种公共空间，如餐厅、公交、商场、街道、广场、书城……然后他把与这款砖头一起生活的各种场景拍成了一组照片。这块砖头成了最简单的建筑的符号，并且在他的日常行为中建构并强调了人与建筑的最基本也是最简单的庇护与伴随关系。当届的评委桢文彦（Maki Fumihiko）的评语是：这件作品取消了一切建筑的物理与功能形态，回归到了建筑与人的基本生理与心理关系。李巨川的这件作品对当时的我触动很大,因为这样一种对人和建筑关系的极简方式的讨论,让我回归到了在现实的城市日常生活的层面对建筑问题进行思考,而不光是在技术层面。这也使得日后我个人选择了城市社会学作为自己的主要研究方向。那一年,同样来自武汉并且已经到重建院读研的李涟和李淦也获得了佳作奖,他们的方案叫做《都市之阈》,我记得方案是一块巨大的时刻集成反映城市瞬间信息的屏幕。关于《新建筑》杂志竞赛与中国建筑师的关系,有兴趣的朋友可以去看朱亦民的文章——《设计思想与设计竞赛:中国建筑师与日本<新建筑>设计竞赛》,发表在《时代建筑》2010年的第1期。

还有一篇以建筑竞赛为题的好文章来自刘涤宇,他的《起点——上世纪80年代的建筑竞赛与50～60年代生人建筑师的早期专业亮相》一文刊发在《时代建筑》2013年第1期。文章列举了20世纪80年代重要的国内外建筑竞赛,并通过对在这些竞赛中崭露头角的建筑师们的分析,来考察当时我国建筑教育的一些基本特征。当时的《建筑师》丛刊曾于1981、1982、1985年举办了3次全国大学生建筑设计竞赛,具有较高的权威性和影响力,竞赛获奖名单中出现了崔恺、孟建民、汤桦、王伯伟、吴长福、王兴田、庄惟敏、周恺等颇多今日重要建筑师的名字。这种获奖的示范效应,则延续体现为中国建筑学子们对包括日本《新建筑》设计竞赛在内的国际建筑设计竞赛的热衷。

大约在我了解上述竞赛的同时,还有一类建筑设计竞赛是与作业息息相关的。那就是当时举行的"全国大学生建筑设计竞赛"。我印象中大约从1993年开始,由中国建筑学会与全国高等学校建筑学学科专业指导委员会主办。竞赛和我们的设计课作业相仿,是按照建筑类型的方式来确定的,大约记得的有:山地俱乐部、建筑师之家、建筑系馆、大学生活动中心、建筑文化研究中心等题目。与前面可以自发报名参加的竞赛不同,这项竞赛非常官方,学校也很重视,往往要通过班级内部的几轮筛选,才挑选出几个好的方案去参加竞赛。但或许确实因为重视教学成果和太不实际的缘故,这些竞赛的作品一个没记住,只是记得如果有同学获奖了,会以教办和学生会的名义在食堂门前的海报墙上贴个大喜报。而我那时候站在海报墙前关心的,是后门的沙区图书馆或者中门的银河录像厅又有什么新片上映了。

现在想来,我所喜欢的竞赛和课程设计作业构成了建筑学习过程中的一体两面。那时候高校还没有扩招,也没出现远在郊区的大学城。对于信息不发达时候的我们,在有限的信息中进行交流和思考的快乐远远超出了在信息之海中的无边搜寻。所幸的是时至今日我的母校还依旧留在了老市区,在食堂门前的墙上也依旧能看到各式各样的海报。

建筑设计竞赛回溯与思考

徐小东 (东南大学建筑学院 博士,副教授)

优胜劣汰是人类演进的自然规律。100多年来,建筑设计竞赛活动与机制日益活跃与成熟,并促进大量新思潮、新理念、新技术的不断涌现。设计竞赛作为建筑方案遴选模式有其存在的合理性与必要性,亦是大量处于"草根阶层"的学生、青年建筑师崭露头角、彰显端倪的重要舞台。1920年代,杨廷宝在宾夕法尼亚大学学习期间,参加建筑设计方案评选活动,一举夺得美国城市学术协会设计竞赛一等奖和艾默生设计一等奖,名震美洲;1980年代,不少跨出国门的青年学者,如张永和等,也通过竞赛赢得世人瞩目,他曾在一系列国际竞赛,如日本新建筑国际住宅设计竞赛和美国福麦卡公司主办的"从桌子到桌景"概念性物体设计竞赛获得第一名。大家最耳熟能详的仍要数悉尼歌剧院的国际竞赛,使得名不见经传的约恩·伍重一夜成名。

时至今日,各类设计竞赛更是层出不穷,令人应接不暇,其内容和形式发生了很大变化。早期竞赛大都侧重纪念性建筑、大型文化建筑与宗教建筑的象征性表达,较为关注其形式与风格;近期围绕重要公共建筑、专项性设计(如绿色建筑等)和重点地段城市设计的竞赛日益增多，逐渐摆脱单纯的单体设计思维，在更新的技术平台、更大的空间范围内综合考虑建筑的社会与时代发展的新需求，回应建筑与城市规划和设计的关联性。设计竞赛的内容也从单纯的概念设计逐渐进入比拼设计理念、技术展示与全程营造的新时期，如太阳能建筑十项全能，就是一个综合设计、建造与运营测试的过程性竞赛，设计成果以图纸与最终实测数据和技术指标为准（图1）。随着国际交流与合作的深入发展，大型工程与规划采用国际竞赛的模式也越来越多，国内大多数通过竞赛方式遴选方案的项目背后，基本都有国际设计机构的参与，国内建筑师经常集体失声，很少获得话语权，倒是不少学生在海外其他国际竞赛中脱颖而出（图2）。

图1　中国（大同）国际太阳能十项全能竞赛
（图片来源：www.cnr.cn）

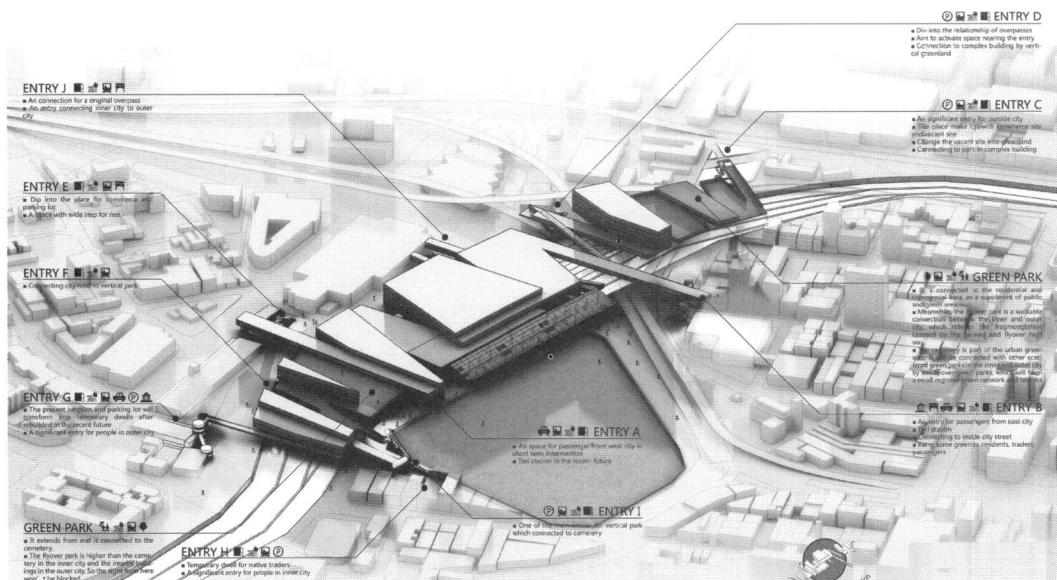

（a）缝合城市鸟瞰

（b）缝合城市剖面

图2　UIA2014学生竞赛一等奖（指导教师：裴钊；学生：吴明奇，牛童，罗典，冯贞珍，崔哲伦；图片来源：西安建筑科技大学建筑学院）

随着社会和时代的发展，人们的认识、价值观与审美观也在不断变迁，设计竞赛的评判准则稳中有变。与时代性及传统的经济、实用、美观相比，竞赛所在地的地域性、国情状况、公众参与程度和文化传统也不可小觑。设计竞赛的评图模式也发生了很大变化，从凭借领导个人喜好的一锤定音，到小范围的专家公开评审，再到网络公众参与投票，形式更为丰富，这样既有利于营造尊重学术精神、建设公平竞争环境的氛围，也利于提高评图结果的科学性和公正性，激发更多的个人与单位参与。当下，我国建筑设计竞赛还在一定程度上存在崇洋媚外的不良倾向和局部的狭隘民族主义、地方保护主义，亟待培育包容创新理念的土壤和公平竞争的机制，推进设计竞赛不断发展。

记忆中的设计竞赛"拼图"

曹勇（西南交通大学　教师；建筑师）

看到这次专栏的话题，闪现的是一个迷离的印象拼图。在笔者建筑求学、教书、做设计的不同时间段，"设计竞赛"这个字眼给我留下的印象差异颇大。这些琐碎的片段连在一块儿，没有多少明晰的观点或是道理，权当作对20年来设计竞赛在中国建筑教育留下痕迹的一个观者的记叙。

传说　在校念书的时候，还是布扎教育体系兴盛的时代。那时拜读童寯老先生的文章，知当年巴黎美术学院时期便已有罗马大奖（Prixde Rome），为当时建筑学子之最高理想，竞赛和评图制度与建筑教育的结缘可谓源远流长。时至今日，毕业设计的竞赛、评图、旅行奖学金制度在西方许多著名建筑院校依然保留。20世纪20、30年代最初留学西方并将建筑教育体系引入中国的那一代人中，许多便有获得罗马奖及旅行奖金的经历。可以说，竞赛获奖成了这一行当里对于求学期间个人能力认可的一种显著标识，用今天的话说，成了"大神"涌现的舞台。

留痕　20世纪80、90年代，打开国门和恢复建筑教育以后培养的第一批青年学子开始崭露头角，1990年代中后期声名鹊起的孟建民、汤桦、崔恺等今日明星建筑师，若是翻开当年《建筑师》杂志举办的首届全国大学生建筑设计方案竞赛（见1982年《建筑师》第10期），这些名字已在获奖名单中（图1）。当时杂志编辑部撰写的评述标题"新苗茁壮，人才辈出"，证明了设计竞赛制度确实是青年设计人才显露的重要平台。许多今天的明星们在自己早期建筑生涯里，或多或少都留下了耀眼的痕迹。

体制内外　有竞赛就意味着比较和分出高下，它的评图和结果就意味着一种潜在的导向和价值标准。顾大庆老师在一篇文章中这样描述了布扎早期的竞赛制度："……，那个时候学生还都是建筑师事务所的学徒，由学院组织的大奖赛实际起到了建立统一的设计教学标准的作用。……"（《图房、工作室和设计实验室》）。这种作用在1990年代开始出现的由专业指导委员会组织的绵延数年的全国大学生建筑设计竞赛中得到了某种印证。规模浩大的每年一次的竞赛，成了比拼各校实力的大舞台，以至于这个竞赛慢慢超越了学生层面，变成了各校教师背后的斗法，最终被后来的优秀作业展制度（以及更后来的教案竞赛制度）所代替。但它当时客观上起到了缩小院校教学水平差距，给二、三线建筑院系的学生提供榜样的作用。

与这类官方竞赛活动并行不悖的，是国内学子或建筑师初出国门参加国外各类设计竞赛的获奖事迹。1990年代就读于建筑系的人肯定不会忘记阅览室里一

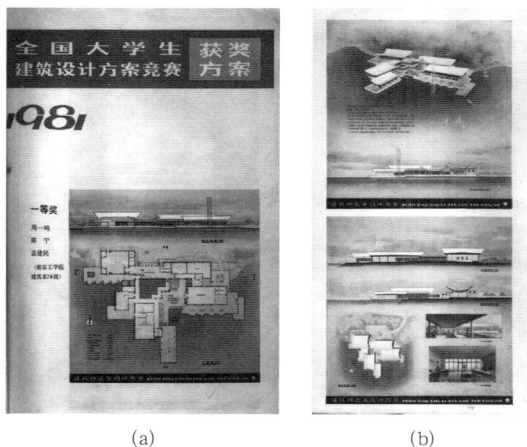

(a)　　　　　　　　(b)

图1　1981年《建筑师》杂志举办的"全国大学生建筑设计方案竞赛"一等奖——周一鸣、陈宁、孟建民的作品

本方本绿皮、翻得稀烂的中国建筑人在海外获奖的作品集，《功宅》、《长江三峡水下博物馆》这些作品在当时大大杀伤了在布扎体系中循规蹈矩的学子们。这种"墙里开花墙外香"的局面，成了少数先知先觉者对当时教育体系和建筑界现状不满的一种无声表达，为后来的中国实验性建筑作品和建筑教育改革之潮埋下了伏笔。

可以说在中国的建筑界，设计竞赛从一开始就扮演着双面的角色：一方面它是强化和维系主流建筑教育体系的有力工具，另一方面又是新锐思想、"异端"人物破土而出的平台。

"提问"的竞赛！世纪之交的2000年，由清华大学建筑学院及《世界建筑》杂志联合举办的"水晶石杯""NET+BAR"竞赛（图2）和张永和命题的"无上下住宅"竞赛如惊雷般震动了建筑界，习惯于体制内竞赛模式的教师或学生突然发现竞赛的命题原来也可以如此抽象和概念化，其评价标准更引出了当时许多争论。"NET+BAR"竞赛的第一名、今日国内建筑界的新星马岩松，让"留痕"的故事又一次得到了印证（图3）。但当时在网上引起了一片质疑。一位ABBS的网友酸酸地写道："……我们祝贺你的获奖，但同时质疑我们这样一个建筑竞赛及它可爱的评委……"。

当竞赛的命题和提问方式变化后，对一个具体建筑问题的回答已经不在这种竞赛的视野，因为本质上便是不同的：它不是在制造一种标准，而是在提出问题，一个关于"建筑（可以）是什么"的基本问题，好的问题才能引来真正有思考的回答。

今天看来，很难说这两次竞赛是否收获到令出题者满意的答案，但它印证了那个时代整个中国建筑界走向变革和开放的整体氛围。"无上下"这个命题的余音回响在笔者脑子中许多年，成了后来一个家具设计的来源。而再后来由张永和老师出题的"住宅联立"竞赛，其含义或许到今天还没有被人们真正发掘。十年回望，能留下印记的竞赛命题不会太多，因为它需要远见卓识。

被"奥数"化的竞赛？十年太长，可十年也太短。当世纪头十年落幕时，许多事情却变成了它曾经许诺或期望的反面。今天的竞赛和奖项遍地开花，就如这十年中国建筑数量的巨大膨胀一般。国际化、体制内／外、媒体、机构的……竞赛林林总总。一个学生五年到头即使不做任何课程设计也很难把所有竞赛参加一遍，这已然是一个起饱和的市场，吸引人气成了今天任何一项竞赛的难题。

图2 "水晶石杯"学生建筑设计竞赛（2000年度）海报

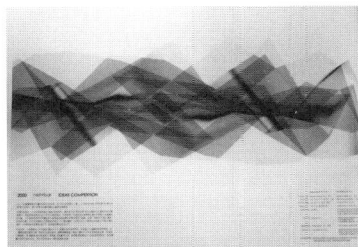

(a)

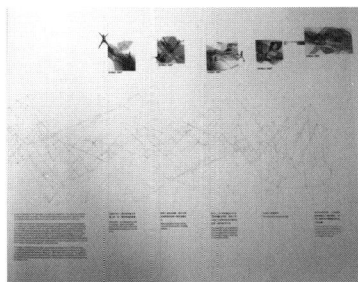

(b)

图3 "水晶石杯"学生建筑设计竞赛（2000年度）
一等奖——马岩松的作品

另一方面却是，当学生拿着竞赛任务书来询问我时，兴趣点鲜有在题目本身。那为什么还要参加呢？最常见的原因在于获奖可以评奖学金加分、推研加分、保研加分……我能想到的与之最相近的现象就是中小学奥数班了。设计竞赛最后也成为这样的角色，并非某一个体的主办者、参与者、评审者的意愿，它只是一个时代的文化、教育体制无奈的背影，置身其中甚至难知自己是推手还是受众。

盛宴，仆人 一部以阿拉伯近现代历史为背景的法国电影《黑金》(Black Gold) 里，一个看到自己国家和西方世界巨大差异，急于改变的阿拉伯纳希卜国王感叹道："如果世界是场盛宴，阿拉伯人只能做个仆人。"

问题是，当人如愿坐到这个宴席之上，又如何能断定自己就不是这场"盛宴"的"仆人"呢？

今天的设计竞赛缤纷多彩、百花齐放的局面来之不易，它是时代发展的必然，就像纳希卜国王眼中的现代文明席卷而来，不可阻挡。网络的发展使得国外的几乎所有竞赛都对中国学生敞开了大门；国内竞赛之丰富多样，足以满足着从主流／体制内到非主流／实验性等各个层面的要求；新兴的建筑媒体或机构几乎都会效法当年《建筑师》杂志，举办各自专属的设计竞赛。这样的"盛宴"，如同中国的城市和建筑的现状，是空前绝后的，但也是令人目不暇接和茫然的。看清得失、对错恐怕要在多年以后，对身处于其中者的作为难做苛求。

不过，促进教学和学术交流，对现有教学体系的盲点进行补益，帮助青年人才获得展示和成长的机会，借助竞赛对于建筑学热点问题或基本原点进行探索或反思，是过去几十年间设计竞赛已经被证实的巨大作用，亦是其未来不变主题。

可以预见，在一个充分饱和的"买方"市场，即使不需要任何外力，竞赛的"盛宴"也会很快进入到优胜劣汰的过程中。定位清晰、命题独到、评审公正的那些竞赛，会获得持久的支持和生命力；而与校内课程设计内容重复雷同、主题空泛、组织和评审工作草率的竞赛则会渐渐门庭冷落。

汇聚到这场盛宴中的主办者、出题者、参赛者、评图者，只要能辨清设计竞赛的原初目的，有意识地抵抗媒体化社会的追风、逐利、吸引眼球等习性的诱惑，也就不会沦为这场"盛宴"的"仆人"吧……

也说建筑设计竞赛的种种

张昕楠（日本京都大学　建筑学博士，天津大学建筑学院　讲师）
胡一可（天津大学建筑学院数字建构实验室主任，讲师）

从公元前 448 年的雅典卫城设计竞赛算起，建筑设计竞赛至今已有 2500 年的历史，它在某种程度上可以被视为建筑领域发展的催化剂，不仅促进了现代建筑设计教育制度的产生和发展，更刺激了建筑设计新思想和新理念的出现。

在早期的建筑教育中，建筑设计竞赛起到了关键性的作用，以巴黎美术学院所代表的包扎体系为例，其学生在学院的学习主要是通过竞赛的模式实现的：掌握了制图和设计基本技法的中高年级学生在设计教室中领取设计竞赛题目，回到图房 (Studio) 由教授指导完成设计题目，再通过参评进阶的方式获取学分，进而参加更高阶段的竞赛，在毕业时由历次竞赛积分最高者获得竞赛最高奖项——罗马大奖。我国自 1980 年代初举办首次全国大学生建筑设计竞赛以来，对我国的建筑教育产生了深远的影响，当代活跃在建筑行业的诸多著名建筑师，大多也是当年竞赛竞图中的佼佼者（图1）。

随着建筑教育的发展以及与国际化接轨程度的提高，我国当前的学生建筑设计竞赛已由当年屈指可数的几项赛事发展到目前每年数以十计、甚至百计。承办赛事的主体也由当初建筑学专业指导委员会，转变为杂志、新媒体、行业学会和院校等多种模式。影响力和规模也由最初的局限于国内转为向国际范围扩展，例如在 2013 年结束的"蓝星杯全国大学生建筑设计竞赛"中 共有来自哈佛、日本兹贺大学等国、内外 158 所高等院校的 5823 名大学生参加，提交了 1048 份作品（图2）。更为可贵的是，竞赛的评价标准也由早期的设计手法、

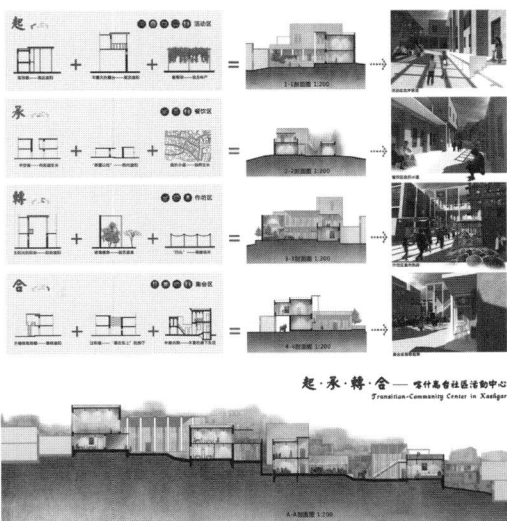

图1 1980年首届全国大学生竞赛获奖方案（资料来源：天津大学建筑学院资料室） 图2 2013年蓝星杯一等奖获奖方案（资料来源：天津大学建筑学院资料室）

一等奖

张　萍
崔　恺
戴　月
徐　茨

（天津大学
建筑系77级）

设计结果向设计概念等更为开放的多维评价体系转换。

从目前国内外既有的竞赛来看，竞赛可大体按题目类型分为三类。

首先是主题型竞赛。这类竞赛以建筑领域的一个方向或者一种类型为题目设定，对学生设计时提出的约束相对较小，更为鼓励大胆的创新和优秀的设计概念产生的结果。例如D3明日住宅设计竞赛、Evolo高层设计竞赛、UA竞赛、国际绿色建筑设计竞赛、霍普杯设计竞赛、开放建筑设计竞赛等。尤以美国的D3住宅设计竞赛为例，尽管设计是以住宅为题，但从评委评价标准及历届获奖作品看，这一竞赛更加鼓励参赛者挑战或颠覆住宅在形式和功能两个层面上的传统定义，尤其褒奖给住宅崭新诠释的大胆设计（图3）。

第二类是命题型竞赛。这类竞赛往往对设计的建筑类型、功能和尺度做出规定，因此对学生在条件相对固定的情况下发现问题并以建筑解决的能力要求较高，例如传统的大学生设计竞赛、蓝星杯全国大学生建筑设计竞赛和同济举办的"纸板建造节"等。需要特别指出的是，尽管此类竞赛提出了相对固定的设计条件，但因在场地和设计任务书的前端为学生留有足够的自由度，因此也使得设计成为解决某一学生自发现或自定义问题的机会。

第三类为开放型竞赛。这类竞赛并无固定的设计命题，仅仅对参赛者和参赛作品的资格做出要求（例如：年级，专业，是否独立完成，是否为课程设计或毕业设计等）。这类竞赛的宽参赛口径在一定程度上带来了评价的难度，对评委的评审工作提出了更高的要求，例

图3 2012 D3住宅竞赛一等奖获奖方案（资料来源：天津大学建筑学院资料室）

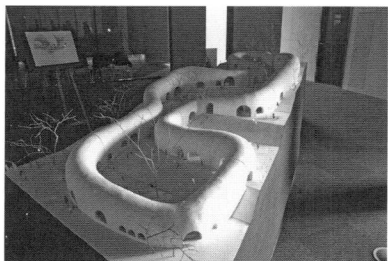
图 4 2008 年日本毕业设计决定战第一名方案
（京都大学 竹山圣 研究室）

图 5 2013 年亚洲建筑新人战评审预备会

如全国高等学校建筑学专业优秀作业评比、亚洲建筑新人战学生设计竞赛、日本毕业设计决定战等。需要特别指出的是，这类竞赛为提高建筑学专业学生的课程或毕业设计有着重要作用——学生在课程设计或毕业设计中的投入可以得到参加相应赛事的提名或褒奖回报。以日本毕业设计决定战为例，该赛事已经成为日本建筑学专业学生在本科最后一年的主要目标，每个学生为了能使自己的设计脱颖而出，在选题、编订设计策略和设计操作等环节无不倾尽全力，并努力实现其获得"日本第一"荣誉称号的梦想（图4）。

从笔者参与观摩竞赛评审的经验来看，由于参赛数量、经费、时间和效率等多方面因素，目前我国的学生设计竞赛评审仍以针对图纸的盲评为主，因此学生建筑设计"竞赛"在某种意义上也成了"竞图"。尽管设计评图是一项无法客观标准化的主观评价，然而在每次评图的开始，组织者都以会商的方式与评审团队确立起相对统一的评价导向，进而再通过投票或提名的方式，经过几轮的淘汰决定参赛作品的优劣排序。在淘汰评审过程中，评审们的观点和选择也会发生分歧甚至争执，例如 2012 年亚洲建筑新人战决赛中，日本评委对其本国的一份作品（原为日本新人战第三名作品）被选为第一名存有很大的质疑，因为他们认为在日本新人战中获得第一名的作品"有时间、风景的小学校设计"更应被评为亚洲建筑新人战的第一名。

除却盲评这一方法，在一些竞赛的赛制中还采取了"复赛盲评＋决赛陈述"的评审方式：评审团队对参赛作品进行遴选，进而选择其中较为优秀的部分参赛团队以 PPT 简报的方式对参赛作品进行陈述并现场回答。列如 OTIS 住宅设计竞赛、日本毕业设计决定战和亚洲设计新人战等均在决赛采取了现场答辩的评审方式（图5）。这样的方法尽管评审效率相对较低，但更好地为参赛学生提供了表述设计思考的机会，同时在答辩过程中评审的质询和提问也成了他们学习设计的特别课堂。

建筑设计竞赛对于广大建筑学专业的学生有着重要的意义，为他们提供了提高设计能力、训练设计思考的机会。在竞赛中，他们或以建筑的方式对既存的现实问题做出回应，或以丰富的想象创造一个崭新的世界，更为重要的是在这一过程中他们将不断地训练能力、学会欣赏并建立自信。

（作者 2011-2014 年共同指导学生参加国内、外设计竞赛获奖 60 余项，其中指导学生荣获 2012 年霍普杯国际竞赛一等奖，2012 AIM 国际竞赛一等奖，2012 年日本新人赛海外组青龙奖，2013 年 D3 住宅国际竞赛一等奖，2013 年蓝星杯竞赛一等奖 1 项、二等奖 2 项，2014 AIM 国际竞赛一等奖，2014 年天津设计周国际竞赛一等奖，2014 Velux 国际竞赛优秀奖 2 项。）

设计的竞赛 or 图纸表达的竞赛？

袁涛（青岛农业大学建筑工程学院　讲师，北京大学建筑学研究中心　硕士）

问题缘起

我校建筑学专业起步晚（2011 年开始），教学方式和大纲相对传统（基本延续笔者十几年前求学的二本学校）；电脑软件辅助设计的课程开设较晚，三年级上学期及之前的作业还要求工具线加水彩渲染的表达方式；学生对 CAD 和 SketchUp 等软件的掌握还不免生疏，更别提熟练掌握做曲线形的"高端"软件。

三年级的学生（我校目前最高年级）在组队参加一个由国内高校和企业联合主办的设计竞赛时（名字在此隐去），看着官方机构提供参考的往届获奖方案，满怀的热情备受打击——困惑于如何做出如此"飘逸扭曲的建筑"——毕竟他们用 SketchUp 连"方盒子"还做不漂亮。

经验反思

为了答疑解惑，我对比了往届官方评出的一、二、三等奖方案，难免质疑该竞赛的评奖标准——是设计的竞赛还是图纸表达的竞赛？因为从一、二等奖的某些方案看到的基本是这样一个大杂烩：非线性的建筑形体＋不新鲜也不落地的"太空技术"＋时髦的术语与图面表达——难以看到设计者清晰的逻辑；反倒一个三等奖的方案更让我关注：通过分析基地特征提取问题，以竞赛主题为切入点，结合基地特定人群的行为提出设计策略。

我将自己的上述观察告诉学生以求打消他们的困惑。我告诉学生：参加这个竞赛首先以兴趣为出发点，竞赛为你提供了一个观察与反思生活的视角，通过"你自己"的生活观察，提出问题，结合竞赛主题分析问题，并以竞赛主题为切入点尝试解决问题，通过这个竞赛（或许每一个竞赛都一样）来训练自己的设计逻辑。漂亮的图纸不是不重要，但图纸只是你设计成果的"表达工具"——而不是"表达目的"，虽然现阶段电脑作图的能力不强，可以结合其他你熟悉的方式表达设计构思。同时通过整个参赛过程来锻炼团队分工与合作能力（4 个学生为一个小组），以期让大家打消"学习新软件以画出非线性的建筑'的"奢望"，专心于设计问题本身。

与学生的上述交流不禁让我反思起自己的两次"获奖经验"——好成绩更多地源于"图纸表达"而非"设计本身"。一则是本科时的别墅设计作业，当时得班级最高分的首要原因在于特殊的"图纸表达"——当班级同学都还在按部就班地画工具线进行水彩渲染的时候，自己参考师兄的做法用灰色喷漆将图纸黄金分割，在灰色喷漆上画白线调，在白色图纸上画灰色线条；还在透视图的背景上描了一首没有关联的唐诗。另外一个是刚工作时参加的某个城市举办的设计竞赛，自己只是将毕业设计换了一种排版方式拿去参赛——当时猜测去参赛的设计院图纸多半是色彩丰富的程式化电脑效果图，自己将整个图纸的色调定为"黑、灰为主，局部点缀颜色"，或许能与众不同，吸引评委的目光，于"匆匆一瞥的评审"中留下印象。比起众多同事的全军覆没，自己竟然得了个优秀奖。

前几天参加山东省土木协会高校教育委员会的讨论会，有学生多次竞赛获奖的学校的老师在介绍先进经验时，谈得更多的是参加设计竞赛同学的"误区"：虽然能画出很炫的图纸，但是在课程设计中却不能解决好基本的问题；在设计和图纸表达中会出现基本的构造和结构错误；功能及交通流线的组织不尽如人意。

何去何从

回到当下讨论的话题：参加设计竞赛的目的是什么？是用图纸技巧获奖，还是训练设计能力（获奖与否随遇而安）。当自己现在为人师时，上述两个例子反而构成了自己"反思的基础"，而非"成功的经验"。环顾现在层出不穷的设计竞赛，题目本身好坏或许不是根本问题，如何评判才是更为重要的一环。谁来评判？评判的方式和标准是什么？评委有无充分的时间和心力去考察参赛作品？——不同的方式将对学生产生不同的影响。不管是在"手绘图纸的年代"还是"电脑制图的年代"，变化的只是"设计的表达方式（语言）"而非"建筑设计本身"，不能让"图纸表达的评判"代替"设计的评判"——让"工具"代替"目的"。

最后引用我在上每次设计课时引用的话作为结束语："建筑师工作的精髓，就应该是探寻人类新的行为方式先于探求新的建筑形式。建筑应是体现人而不是体现物的。（Architecture is a system of people，not a system of things.）"——艾尔纳·戈乌德芬格（Ern Goldfinger）

也谈建筑设计竞赛——"前瞻性"思想的终极表现

裘知（浙江大学建筑工程学院建筑设计与理论研究所　讲师）

明焱（浙江大学建筑工程学院建筑设计与理论研究所　副教授）

很多我们的学生、业界的建筑师，包括我们自己，从入行起就从未停歇过对大大小小的、各种层级的建筑设计竞赛的参与。但是，究竟我们在"竞"什么？笔者也想就多年来参与建筑竞赛的感触，谈一谈自己对建筑设计竞赛的理解。

从本质上说，"竞赛"最关键在于其论述一种"前瞻性"思想。这种思想，可能是一种得到升华的生活方式，可能是对未来生活场景的组织逻辑，可能是一种变革后的建筑设计模式，也可能是一种创新性的构造方法。在这一点上，"建筑设计"和"建筑研究"终于达到了统一；也就是说，建筑竞赛的内涵，即为以已出现的问题或历史的发展回顾为导向，归纳现有的建筑现象、建筑技术手段和表达方式，以一种研究者的态度，创新性地提出一种具有"前瞻性"的思想，并给予实现这种思想的建设策略，甚至技术导则。我们会发现，建筑设计竞赛一般会给予明确的背景和主题，而通常这些背景和主题会紧扣当今的社会焦点问题，如城市的可持续发展、低碳环保节能、城市养老和医疗、新农村建设、智慧城市、保障性住房等，希望竞赛参与者给予创新性的提案。以第九届国际大学生竞赛"Welcoming Inclusive Spaces for the Elderly"为例，一等奖获奖作品选址黄河流域某山地乡村，首先探讨从过去到现在，居民的家庭结构、生活习惯、邻里交往、人口规模等的种种变化，在当今基地"空巢化"的背景下，充分利用山地地形，塑造老人与年轻人合居、"可变"的居住空间和生活模式（图1），并给予不同的户型菜单组合。

为了实现这种"前瞻性"思想，通常会有设计作品巧妙将建筑设计与其他相关学科交汇共融。在解决城市问题的过程中，往往无法避免与建筑生产方式、地产开发运作模式等问题发生联系，这时就需要我们去了解建筑乃至城市运行的内部机制。以2011年"一·百·万"保障房设计竞赛为例，获奖作品"社会主义保障房"在讨论深圳低收入者住居问题时，敏锐发现大概有一半的流动人口其实并没有在深圳定居和买房的打算，那么在若干年后需要保障性住房的人群会下降，因而对保障性住房的永久性提出质疑。因此，该作品希望在最有限的时间里，快速建造造价成本低廉、可拆卸并满足基本生活的舒适人居空间，并将目标放在了深圳市区的地面停车场上，由于大部分的停车场属于政府规划控制用地，一般在5～10年内不予建设，所以提出将这类政府规划控制用地搭建灵活、可拆卸搬迁的低成本廉租房。在这种思想导向下，给出具体的空间组合模式（图2）。

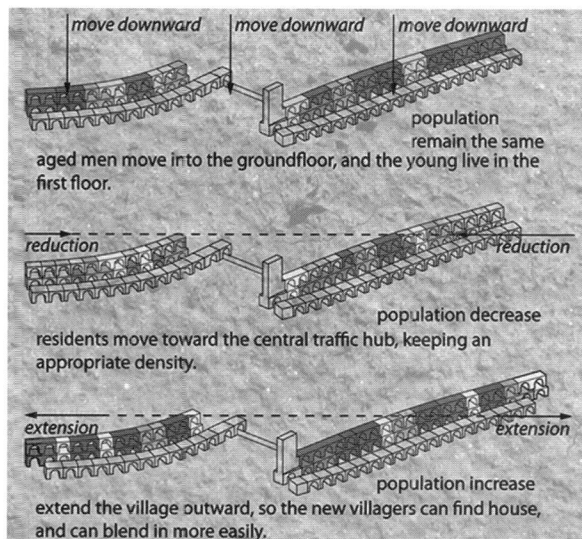

图1　获奖方案的合居、"可变"居住模式（由获奖者提供）

图2 "社会主义保障房"作品空间组合模式（引自：竞赛成果2011"一·百·万"保障房设计竞赛）

图3 坂茂"超级纸屋"（日本馆）（引自：Shigeru Ban；Paper in Architecture）

建筑设计的创新，有时也是新技术、新材料的挖掘与应用，以及新型构造方式的设计。如著名的"纸建筑"坂茂先生，以其"超级纸屋"（日本馆）（图3）在2000年德国汉诺威世界博览会上获奖。虽然此奖非彼奖，但该案例还是给我们对竞赛的研究上给予启示。坂茂先生的"纸建筑"源于对灾后临时建筑的思考，创新性地应用了可回收加工的纸料。超级纸屋的拱筒形结构由12.5cm粗的纸筒网状交叉构成，弧曲屋面和强身材料也是纸屋和纸膜，整个展馆长72m，宽35m，最高处达15.5m，面积3600m^2。5个月后，该临时建筑大部分材料都被回收并重新利用。

此外，创新性的灵感也会来自于对历史的回溯，对建筑风格流派的反思。当然，为了能够在建筑设计竞赛中独占鳌头，对方案的表达方式，如参数化设计等也是必不可少的。总而言之，建筑设计竞赛的宗旨是激发参赛者对某类问题的思考，以及对相关解决方式的尝试和体验，以提出一种绝对超前的建筑思想。也许这种思想充满了不成熟和不可靠，甚至以当今的建筑技术或社会背景无法实现或推广，但这将成为刺激社会进步的来源和动力。也许，这也是建筑设计竞赛的真谛，以及它有别于实际建筑设计项目的根本之处。

参考文献：

[1] 冬日. "超级纸屋"——日本馆 [J]. 世界建筑，2000(11).

[2] 住区特别策划. 竞赛成果2011"一 百×万"保障房设计竞赛 [J]. 住区，2011(6).

[3] Shigeru Ban，Riichi Miyake. Shigeru Ban；Paper in Architecture[M]. New York：Rizzoli International Publications，2009.

忆王学仲老师兼论建筑学的美术教育

梁雪

Memory of the Friendship Between
Author and Prof. Wang Xuezhong While
Discussing the Values and Effects of Art
in Architectural Education

■摘要：本文通过回忆作者与王学仲教授的友谊和王教授的成就，探讨了美术训练在建筑教育中的价值和作用。

■关键词：王学仲教授　美术训练　建筑教育

Abstract: Based on the memory of the friendship between author and Prof. WANG Xuezhong and his achievement in Chinese painting and Chinese Calligraphy , the paper discuss the values and effects of Art in architectural education.

Key words: Prof. WANG Xuezhong; the Art practice; Architectural Education

王老师生前照片，背景为天津大学王学仲艺术研究所，作者于 2001 年冬天拍摄

今年（2013 年）10 月 8 日王学仲老师仙逝了，我深为这位艺术巨匠的凋零而叹息，为失去了一位好老师而难过。

王老师在艺术界的影响很大[1]，国内外向他学习书法或绘画的弟子和学生很多。而鲜为人知的是，他的大半生主要在天津大学建筑系（后改为建筑学院）工作，曾主持过建筑系的美术教研室多年。作为建筑系学生，我有幸在本科生阶段的素描和水彩课中得到了王先生的亲自指导，研究生阶段选修过他为建筑系开的理论课"中国画学谱"；另一方面，我作为书画爱好者追随先生左右几十年，从 20 世纪 80 年代初直至他的晚年，算起来有 30 年的师生情谊；按他的说法："你是少数与我一直有交往的建筑系学生。"

1. 结识王老师

来天津求学前，受父母的熏陶，我曾在东北锦州学习美术多年，当时既练习速写、素描等西画技巧，同时也研习书法、国画、诗词等传统技艺。那时候正值"文革"后期，学习美术既出自自己对艺术的喜爱，同时也有多掌握一门谋生的技能的成分。

历史上，天大建筑系的学生经过四年的学习会掌握三门"看家本领"：一门是建筑史的知识，一门是素描和水彩的技能，还有一门是建筑设计的能力。王老师是当时的美术教研室主任[2]，那时候美术教研室内还有留学法国、善画水彩画的杨化光先生，搞雕塑的张建关先生等人，王老师时常来画室指导我们画素描（石膏像）和水彩静物写生，但面对全班 40 余名学生，能够和王老师单独交谈的机会并不多。

画家王钟秀先生与家父是好友，他与王老师是青年时期的画友和朋友，一直多有来往。当他得知我在天大建筑系学习，就写了一封有推荐意味的短信让我带给王老师。

第一次去王老师家拜访是由当时任我们素描课的杨康勇老师带领去的。看到王钟秀老师的短信后，王老师很高兴地接待了我，并对我带去的一些书画、篆刻习作加以指点，笑言我的山水画习作可见老友的笔法，但对我学习齐派印风有所规劝，说："齐白石老师我接触过，他年轻时干过木匠，手上很有劲，所以印风醒目，用刀爽快…… 看你手劲不大，学习刻印还是应该从汉印入手，习字也多补充汉隶的朴茂成分。"这次拜访成为我以后时常讨教的开始。

2. 1980 年代建筑系的艺术氛围和美术课

1977 年国家恢复高考以后，人们选择到不同的大学或专业学习，除了高考分数以外，很重要的一个原因是你是否喜欢某个专业。在工科院校中，建筑系是接近艺术院校的一个系，除了学习一般的工程性知识外，还需要学生在入学前具备一定的美术基础，以利于入学后的学习和日后的发展。那时候对于已经进入建筑系的学生还要再进行一次美术考试，对绘画基础太差的同学会劝其转到其他专业学习。1990 年代以后，建筑师成为高收入职业，建筑学也成为热门专业，每年想从其他专业转到建筑系的新生都"排起长队"，再想把已入建筑学专业的学生转到其他专业，

难度可想而知。同时由于电脑表现日渐普及，学院慢慢地对学生的绘画基础也就不再做硬性要求了。

1980 年代的天大建筑系，刚刚从建筑工程系中分离出来（"文革"前与土木系合称为建筑工程系），各教学组的办公室、资料室、设计教室和美术专用教室都挤在第八教学楼的三层上，下面两层为土木系使用。尽管教学空间有限，但却很有艺术氛围；与上楼的主楼楼梯相对应的是两块实墙面，上面挂着两块"昭陵六骏"的浅浮雕翻版，楼道里经常挂有老师们的绘画习作，使建筑系学生经常看到老师们的作品，感受老师们的勤奋和艺术追求；而一些专题性强的个展则安排在北侧的美术教室或学校的工会俱乐部内部。最早在系里看到王老师的书画就是在第八教学楼的走廊里，个展则是 1983 年底或 1984 年初在工会俱乐部的大厅（图1，图2）。

那时在走廊里展出的画作只是简单地用图钉钉在墙板上，既无镜框的保护也无专人看管。据我所知，未听说有展品失窃的情况。

重视美术课的传统好像一直延续到 1990 年代末期。后来找到一份 1998 年的教学计划[3]，这时候的美术课（必修）课时依旧较多，计有 256 个学时，16 个学分，分配在本科生的第一学年和第二学年，第一学年以素描为主，第二学年以水彩为主；必修课中还有与之相对应的水彩实习课（两周，2 学分），往往是结合古建筑测绘进行；选修课中还有 5 门与美术基础相关的内容，有造型设计基础（3 学分），钢笔画表现及技法（2 学分），外国美术欣赏（2 学分），中国美术欣赏（1 学分），建筑水粉画（3 学分）。其中的钢笔画表现最早由彭一刚老师在进修班讲授，后来由我接手给本科生开课，直到 2001 年因我去美国而终止。

图 1 原建筑系美术教室一角写生（作者绘于 20 世纪 80 年代）

图2 原第八教学楼（建筑工程系）三层走廊浮雕，现装饰于建筑系馆一层大厅

3. 听王老师授课

20世纪80年代，王老师有两本理论著作问世，一本是《书法举要》（1981年出版），一本是《中国画学谱》（1987年出版），两本书都是王老师多年艺术实践的理论总结。社会上一般知道王老师是书法大家，实际上如同书法一样，王老师对中国画，特别是文人画的认识与实践都是极具影响力的。

据我所知，王老师在建筑系系统地讲授"中国画学谱"只有两次，以1984年第二学期对我们这届研究生开头，随着他社会活动和学术活动的增多，加之年龄增大，这门课仅又延续了一年就停了下来。我有幸成为系统地听过这门课的受益者之一。

当时，这门课的讲稿还未正式出版，每次上课，王老师带给大家当天讲课内容的油印本作为教材；实际上，王老师在黑板上板书的内容更加精彩和生动，可惜当时没有条件保留下来，好在我的课堂笔记一直保留下来，比较客观地记录了这段历史。很多年以后，我曾经把这段课堂笔记和装订成册的油印本拿给他看，他审看后用毛笔很认真地签下这样几个字：梁雪同学，王学仲，乙酉之秋（2005年），并嘱我好好保存（图3，图4）。

这里摘录一段王老师的自述，可以理解王老师为建筑系研究生开设这门课的初衷，对理解《中国画学谱》这本书也有帮助：

"中国的很多艺术形式有其共性，如戏曲、园林、诗词、书画等，在这些艺术门类中，都具有十分强烈的法式和程式化的特征；在古建筑中，从宋代至清代的斗拱系统、彩画系统也都是有规律化可以探寻的，当然，程式化也有缺点，那就是束缚人。我提倡在掌握、了解法式之后的再创造，但不要凭空起高楼，凭空起步。总结中国绘画中的程式和法式是我前半生的劳动，是我一点点收集和整理出来的。"

"这本书主要是用我的艺术实践来印证古人与前人的绘画理论，哪些内容是发展了绘画理论，都有哪些创造性的东西并体现在画家的笔下。人为的力量无法抹杀历史的进程。在园林设计中，设计师往往根据山水画理论来造园，造园理论也离不开风景画、风景诗和历代画论。"

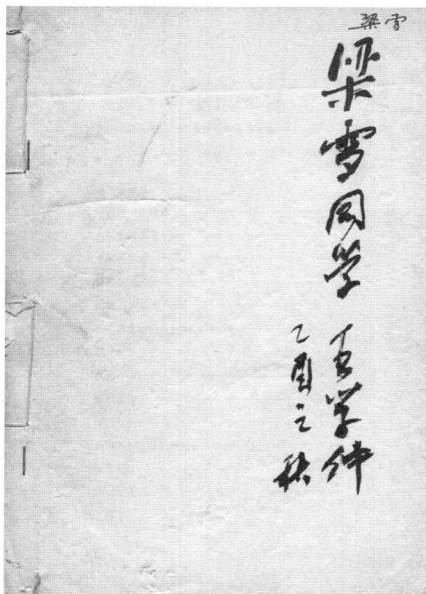

图3 王老师在作者保留的油印讲义上签字

图4 后来出版的《中国画学谱》封面

"中国画学概论（指中国画学谱）不是教大家画画，而是提高大家的理解力。研究能力需要从不同的艺术门类中获取养分，学术不是本学科（的知识）启发自己，而需要触类旁通。书中很多关于（国画）技巧上的东西，要求大家知道，重点是中国画的程式，历史上的重要画家及其作品，教学的目的是为建筑学这门学科所用。"

由于教学对象是建筑系学生，王老师在讲授时往往联系古建筑、建筑画（界画）、透视、园林和匾跋等内容加以解释和讲解，特别是讲解了王老师本人对中国画的理解和认识。这门课不仅增强了建筑系研究生的理论修养和艺术修养，而且可以在一个更高层次上理解中国画这门传统艺术。

后来翻阅王老师的油印讲义，发现这本书稿历时20多年写成，其中后记中写有："1961年初稿于天津卫津河畔，1977年增补于北京海淀寓舍，1982年定稿于日本筑波山。"不知什么原因，在正式出版物中我没有找到这段文字。

王老师与已故的建筑史学家卢绳先生[4]是多年的好友，受卢绳的影响也对中国古建筑和古典园林感兴趣，曾写过《说亭》等古建方面的论文[5]。当1990年建筑系馆落成后，特别写了一首题为《赠建筑系师生》的七绝给建筑系，装裱后一直挂在系馆二层的会议室里："专能使用组空间，海市蜃楼思驾鸢。作艺融工明道器，美轮美奂美人寰"，不仅行草风格独到，诗意中流露出对建筑学专业的深刻理解和认识（图5）。

20世纪50年代，王老师还曾在建筑系开设《世界美术史》这门课，现在系里一些老先生还能回忆起王老师讲课时的神采和服装。在与王老师的交往中发现，尽管他是传统书画方面的大家，但对于西方美术也十分熟悉。

2013年6月，在天津美术馆举办的"王学仲艺术展"中，除了大家熟悉的书法、中国画之外，还展出了一些速写、水彩和油画作品，都具有相当高的水准。对我来说，后一部分作品平时很少有机会看到，所以就去了美术馆多次，每次去都直奔这部分展厅，长时间、近距离地欣赏这些画作，仿佛与王老师的一次又一次聊天，领略、验证他的艺术主张——"东学西渐，欧风汉骨"（图6，图7）。

我的日记粗略记载了千禧年以后与王老师的一些面谈内容，在2001年2月的一次谈话中，他讲道："建筑家的成长、画家的成长都要求知识广博一些，不要陷入专业的小圈子，要了解和接触整个艺术界的大圈子。"

"最近我又选择意大利、法国等欧洲艺术的发源地去看了看，看看古典艺术的精华所在。在西方最美的艺术品或艺术品的极致是女人体，那种美是大自然的精华所在；但东方艺术的灵感实际上来源于大自然，我还有一些艺术主张可以拿给你看。"

王老师的一个教育观点是，"十分学问要抛三，自有灵苗生胸间"，主张艺术创新和自由胸臆，提倡根据学生的不同个性进行引导和教育。这里面可以看出受到老师徐悲鸿先生的影响。

由于在建筑系工作多年，王老师对建筑系和系里的老师、工友都充满了感情，据说他给他求字的工友都写过字，那时候他的字在拍卖场中已经是价值不菲了。每次去看望他时他都会向我询问建筑系一些老先生的情况。

在平时交往中，我常会带去一些刚刚完成的书画习作让他指点，有时也会带去一些水彩写生画给他看。每当看

图5 王老师为建筑系馆落成所写贺诗及墨迹，现保留在系馆会议室

图7 王老师所作国画代表作《垂杨饮马》

图6 王老师早年所作水彩写生

到水彩画，他的热情会更高一些，会找出老花镜一张张地仔细看，然后指出这些画的不足之处，这可能与他在1980年代指导过我的水彩写生课有关。也许是这种鼓励，使我在毕业多年以后把水彩写生、水墨写生活动坚持下来，成为我后来修炼心性的一门"功课"。

实际上，我一直认为书画等艺术对人的滋养是一个长期的过程，这种修养对建筑学专业的学习，特别是对古建筑特征的认识都会起到相当重要的作用。据介绍，建筑前辈梁思成先生就曾经用唐朝佛像的绘画和北魏的书法拓片来训练学生对艺术品的感觉，并说："……你有感觉，你将来去看建筑的时候，就能有时代感，看出它是否是早期的建筑。建筑是文化的记录，是历史，它反映时代的步伐。……研究建筑史的人，要能敏锐地区别时代的艺术特点，能感到历史的步伐。[6]"

近年，据我向二年级的学生了解，原来设置的美术必修课已被取消，仅保留了二到三门的美术选修课。这种改革的初衷似乎是考虑可以将学生学习美术和绘画的时间节省下来去从事设计活动。建筑学这样的教学改革效果是仁者见仁、智者见智的事，但目前一个不争的事实是，学生们的美术素养不断下滑，作业中的建筑表现（手绘部分）已经不敢使用"水质颜料"了，图纸上多是些"苍白的黑白面孔"，只能用墨线或彩色铅笔表现。

后来曾与系里的老先生议论此事，老先生的心态倒是比较乐观："估计这种倾向也不是天大一家，而是许多建筑院系的无奈之举吧！"

2000年千禧年过后，我曾写过一首律诗送给王老师，那是看到他新出版的一本画集有感而作，现抄录下来作为一个老学生对他和一个时代的怀念吧。

《读学仲老师画集有感》[7]：

早岁曾读狂草赋，今晨展咏诗文轴。

淋漓健笔追神韵，婉转长歌遏水流。

汉骨欧风呈教广，东学西渐受迪稠。

垂杨饮马丝丝碧，斯岸夜泊普度舟。

注释：

[1] 王学仲教授，1925年10月生于山东省滕州市，1945年毕业于京华美术学院国画系，1953年毕业于中央美术学院绘画系，历任天津大学教授、王学仲艺术研究所所长等；中国书法家协会第二届副主席，天津市书法家协会主席，天津市国画研究会副会长；著有《书法举要》、《中国画学谱》、《王学仲书法诗文集》、《王学仲书艺》等；获第二届中国书法兰亭奖终身成就奖。

[2] 1981年9月，王老师赴日本讲学后，美术教研室主任由章又新老师代理和接任。

[3] 荆其敏、张丽安编著. 透视建筑教育 [M]. 北京：中国水利水电出版社，2001：133-135.

[4] 卢绳教授（1918-1977），建筑史学家、建筑教育家，毕业于中央大学建筑工程系，1942年加入中国营造学社，后任教于天津大学建筑工程系，对天津大学建筑学科的建设做出巨大的贡献；现有其亲属整理出版的文集《卢绳与中国古建筑研究》。

[5] 王学仲. 说亭 [J]. 天津大学学报，1982（增刊）：60-62.

[6] 林洙著. 梁思成、林徽因与我 [M]. 北京：中国青年出版社，2011：268.

[7] 作者注："垂杨饮马"、"狂草赋"为王老师代表性绘画、书法作品，"夜泊"为王老师曾用笔名。

作者：梁雪，天津大学建筑学院　教授，国家一级注册建筑师

化言为行，行以载道

——台湾地区大学绿色建筑教育发展的概况、理念及启示

苏勇

Put Theory into Action, Spread the Truth Through Action: General Situation, Ideas and Enlightenment of Green Building Education Development in Taiwan Area University

■摘要：伴随全球环境恶化问题越来越严重，绿色建筑观念已成为全球社会解决环境问题的重要探索领域之一。本文通过分析绿色建筑及绿色建筑教育在我国台湾地区大学的发展历史和理念，提出了未来大陆地区大学绿色建筑教育的发展方向。

■关键词：环境恶化　绿色建筑　绿色建筑教育

Abstract：With global environment deterioration more and more serious, the concept of green building has become one of the most important exploration areas in global society to solve environmental problems. This article through the analysis of the green building and the green building education development history and concept of university in our country Taiwan area, puts forward the green building development direction of education in mainland universities in the future.

Key words：Environment Deterioration　Green Building；Green Building Education

前言：绿色建筑兴起的时代背景

自从 1972 年罗马俱乐部发布《增长的极限》报告，以及联合国在瑞典斯德哥尔摩召开了有 113 个国家参加的"第一届联合国人类环境会议"，并颁布了著名的《人类环境宣言》之后，环境问题日益引起人们的高度关注。1987 年，在以挪威首相布伦特兰夫人为主席的世界环境与发展委员会（WCED）公布的报告《我们共同的未来》中，"可持续"的概念正式被提出，并得到了国际社会的广泛认同。1992 年在巴西里约热内卢召开的联合国环境与发展大会——"地球峰会"上全球对环境问题达成共识，并在地球峰会的推动下，各国政府开始积极履行"可持续"义务[1]。然而，42 年过去了，伴随着全球人口突破 71 亿，全球环境恶化问题却越来越严重，其中建筑在环境污染中作用巨大（国外有关学者研究得出：在环境总体污染中，与建筑业有关的环境污染所占比例为 34%，包括空气污染、光污染、电磁污染等）。因此，近年来，如何通过绿色设计

营造可持续建筑、绿色学校、绿色社区直至绿色城市，已成为全球社会解决环境问题的重要探索领域之一。

1.台湾地区绿色建筑发展概况

历史上，由于我国台湾地区天然资源缺乏，导致几乎所有的能源供应全部依赖国外进口，到 2001 年其能源对外依存度已达 98%以上，如何降低对外能源依存度以及如何尽最大可能节约能源，已成为台湾地区政府必须面对的课题。根据台湾成功大学建研所的统计，台湾的建筑产业所排放的二氧化碳量，约占全台总排放量的 28.8%（其中建材生产 9.31%，营建运输 1.49%，住宅使用 11.88%，商业使用 5.94%），可见建筑的节能减碳政策，势必成为台湾永续发展政策的重点之一。正因如此，台湾地区自 1995 年首次将"建筑节约能源设计"纳入"建筑技术规则"后，岛内逐步开展了绿色建筑推广运动。至 2009 年，前后经过了 6 次强化节能规范的标准与适用范围调整。1999 年建立了台湾新建建筑物之绿建筑评估系统，又称 EEWH-NC 系统，并制订《绿建筑解说与评估手册》，推出《绿建筑标章》的认证制度，2009 年完成都市热岛评估系统 EEWH-HI 与生态小区评估系统 EEWH-EC，2010 年完成高科技厂房绿建筑评估系统 EEWH-EF 以及既有建筑物绿建筑评估系统 EEWH-EB，这些规范构成了一系列完整的绿色建筑评估体系[2]。短短数年内，绿色建筑思潮不但在岛内学术界、媒体界蔚为风气，而且快速推动了岛内绿色建筑实践和绿色建筑教育的发展，更在社会生活的各个领域内引起了强烈的反响。

2.台湾地区大学绿色建筑教育发展概况

伴随着岛内绿色建筑思潮的兴起和绿色建筑设计人员匮乏的现实，台湾地区大学绿色建筑教育的研究与推广获得了长足进步。为配合政府的绿色建筑计划，台湾地区教育部门在推行绿色建筑教育与绿色大学校园改造上不遗余力，从绿色建筑教育到绿色建筑技术开发，再到校园绿化，旨在通过打造可持续发展的绿色大学校园环境，实现绿色建筑教育和绿色建筑技术开发的整合。在台湾地区，设有建筑学科的大学大都成为绿色建筑教育的积极探路人和绿色观念的积极传播者，并根据各自的学校背景走出了各自独特的绿色建筑教育之路。

在台湾最早开始绿色建筑教育的是以成功大学、东海大学等为主的综合型大学，随后其他科技大学或技术学院也陆续展开绿色建筑教育。

由于台湾的高等教育分为两个系统，各自有不同的招生与入学管道。普通高中毕业后进入综合大学，而高职毕业生则进入科技大学或技术学院，因此综合大学往往倾向于以理论研究为特色，而科技大学往往偏重以技术应用为主，这导致了两种类型大学在绿色建筑教育上也各有特色。

3.台湾地区大学绿色建筑教育的理念

3.1　强调实践性

建筑学是理论与实践紧密相关的学科，世界各国建筑教育都强调设计理念与实践的结合，这对于需要数据说话的绿色建筑而言更是如此。台北科技大学的绿色建筑教育就是以强调实践性为特色的。

台北科技大学的前身是 1912 年成立的"台湾总督府工业讲习所建筑科"，1915 年即有首届建筑科毕业生毕业，为当时台湾建筑、营造界培育了大量的人才。此校于 1923 年改制成"州立台北工业学校"，设有专修班及建筑本科，以训练技术人才为主。台湾光复后升格为"台湾省立台北工业专科学校"。1981 年，学校改制为"国立台北工专"，1994 台北工专改制为"台北技术学院"，1997 年改制为"台北科技大学"。从台北科技大学的发展历史看，其学术传统就特别强调实践性和应用性，同时因其生源主要源自各公、私立高职（中）毕业生，因此该校建筑系在绿色建筑教育中走出了一条与综合型大学不同的道路——特别强调让学生通过参与营建绿色建筑和绿色校园等实践活动掌握绿色建筑的相关知识和设计方法，并由此普及和养成学生的绿色建筑观。例如在长期的教学过程中老师常引导学生将校园环境视为设计实习演练对象，且透过实际环境的实践让学生得到了概念落实的体验，弥补了纸上作业与实际环境的实践间存在的差。[3]

该校第一个结合设计教学与实践的人文活动及生态考量空间是 1989 年开始的"建筑科庭园"的施工（图 1），由学生实际设计施工，于原本积水的入口空地铺上河沙及平卧红砖，容许水气渗透，当时透水铺面之观念尚未萌芽。1994 年建筑科迁移至新大楼（设计馆），其旁边的空地阴湿且无

图1 建筑科庭园透水地面

图2 新科馆庭园

图3 生态露台

图4 壁面绿化

人使用，因此结合建筑设计课程将其塑造为"新科馆庭园"，由设计课学生设计施工，目前正朝蕨类园方向规划（图2）。从2003年开始的"创意校园整体规划－台北科技大学生态校园规划"中，科大师生又开始共同实行"生态露台及壁面绿化工程"、"校园联外水景工程"、"科技温室（生态绿建筑）"、"光电遮阳板工程"等四项子计划工程。其中生态露台建设是一次生态伦理的实践（图3）。师生通过将露台建设成生物栖息地，解决因人占据生物的大片地面而让鸟类等生物无处栖身的问题，让鸟类等生物可从这个生态露台飞到另一个生态露台，从空中完成生态链的修复。"壁面绿化"（图4）的理念在于：利用设计馆厕所排出的灰水浇灌外壁的爬藤以形成绿篱，从而解决建筑的东、西晒问题。校园联外水景（图5，图6，图7，图8）则是通过将校园与城市道路的围墙转化为可以吸引大量生物存在的人工湿地，而重建校园与城市的友善生态界面，实现校园绿化的城市共享。生态绿建筑（图9，图10）位于联外水景与生态池之间，结合设计与实作教学、国际合作，它完成了自然生态至人文间的整合。针对台湾湿热气候，利用环境条件规划以顺应自然的舒适室内环境并节省能源。透过这一系列的绿色建筑和绿色校园建设的实践，学生从规划设计到施工现场都全程参与，从而比单纯的课堂教学更好地学习和掌握了绿色建筑的概念、理论和方法。

设计内容 Design content

图5 校园联外水景

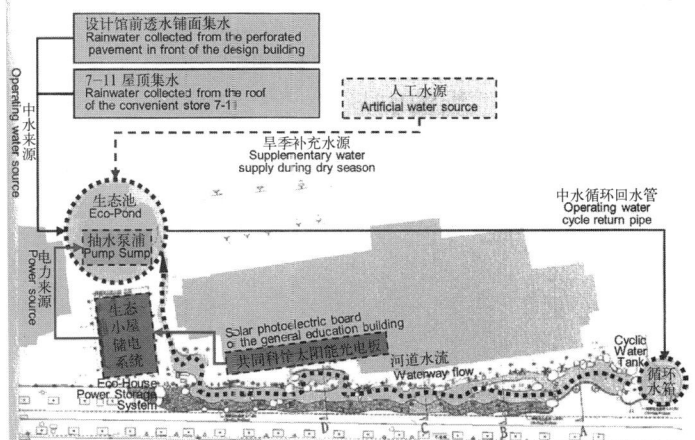

图6 校园生态友善界面

图 7 校园联外水景

图 8 校园生态友善界面

图 9 生态绿建筑

图 10 生态绿建筑

3.2 突出多学科性

绿色建筑涉及建筑学以外众多知识领域，这就需要不同学科之间的综合、交叉与融合。岛内许多综合型大学绿色建筑教育就邀请了许多不同领域的专家参与到教学活动中。他们要么通过举办讲座讲授相关知识，要么与建筑学专业教师共同指导学生实践。中国文化大学环境设计学院的绿色建筑教育就是以突出多学科性为特色的。

中国文化大学环境设计学院是最早在台湾地区进行建筑、规划、景观三个专业跨系整合教育的大学，该学院是中国文化大学应 1992 年在巴西里约热内卢召开的联合国环境与发展大会——"地球峰会"上全球对环境问题的重视——而成立的，是整合了原隶属于工学院的建筑学系、法学院的市政学系、农学院的景观学系后形成的跨领域设计学院。该学院包含建筑及都市设计，景观学，市政与环境规划三个系，成立时就将教育目标定位为"以环境为本，运用自然科学、人文科学为基础，结合艺术创意、沟通管理技巧，训练学生具策略形成、计划拟定、实质规划、空间设计、施工监造、经营管理等多向度之完整环境规划设计知识与技巧，透过师资专长整合，课程交流，培育国土规划、环境规划、区域规划、生态规划、都市计划、都市设计、建筑设计、景观规划设计之专业人才，其目标系达开创环境资源之永续发展，兼蓄营造优质适意之生活环境[4]"（图 11）。

正是基于以创建可持续发展的环境理念作为立院之本，该学院在课程设计上强调：环境设计为各系所训练以达成环境共生永续智慧成长的工具；环境规划知识与理论之建构养成系各系所教育训练的重要过程；环境经营管理技术方法必须建构在反映社会文化与环境伦理的共同价值；环境永续经营之信念必须扎根于各相关领域（系所）整合政策，科学知识团队合作以及设计创意作为规划的实践（图 12）。

在课程规划目标上强调：提升并加强规划设计与环境思考的关系；培养学生以生态学为基础之环境发展与经营管理的理念。

在教学研究方针上强调：推动三系在规划设计课程的联合教学，增进学生团队工作的能力。提升学生规划设计、研究写作及专业外语沟通能力。强化教师辅导与社会服务机制。

在课程设计架构上强调：整合各系所具特色的课程，让三系学生可共同自由选修；推动三系毕业班学生联合设计教学等。

3.3 强化综合性

绿色建筑的多学科性和实践性特征，要求绿色建筑教育既要有深厚的理论研究支撑，也要有强大的实践经验作后盾。只有把两者结合起来，才能使绿色建筑教育既有理论性又有操作性。而这种综合性只能在具有强大学科群和社会号召力的综合性大学里才能实现。成功大学的绿色建筑教育就是这种综合性的代表。

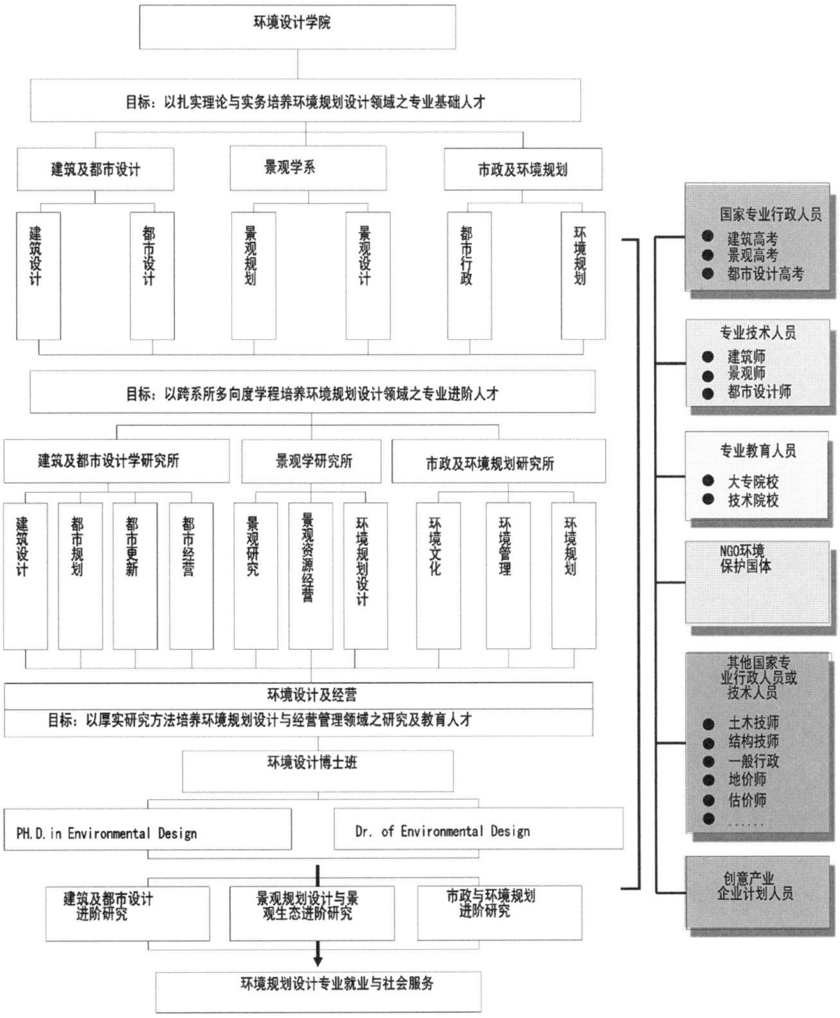

图11 中国文化大学环境设计学院组织结构图

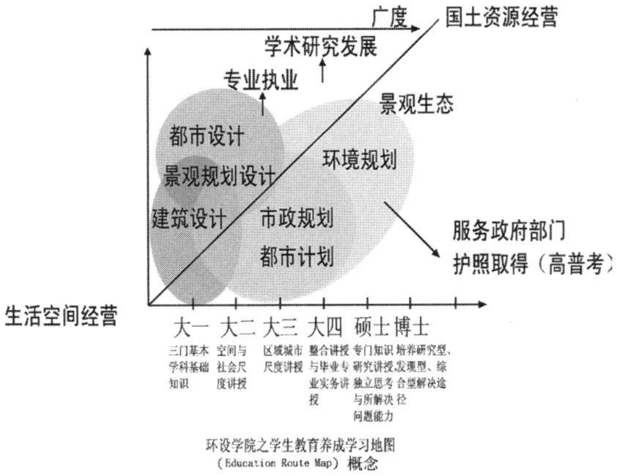

图12 中国文化大学环境设计学院教育路线图

图13 绿色魔法学校屋顶花园

成功大学前身为台南高等工业学校，为日治时期三大专门学校之一，于1931年成立事务所开始办公。成功大学建筑系的前身是1944年创立的台南高等工业学校建筑科，是台湾最早成立的高等建筑教育单位。台湾中生代以前的建筑师，几乎都是毕业于此系。60多年来，成功大学建筑系的教育随着世界建筑的发展而不断改变，由日本教师的工程导向教学，经中国内地来台教师传授的法国学院派（Beaux-Arts）教育，演变成为现代主义设计为主的课程，到今日强调可持续性与智慧生活为重点，并将文化遗产也纳于建筑教育之中的发展历程。

1999年台湾发生"九·二一"大地震，给台湾带来了空前的灾害，成功大学建筑系教师群积极参与灾后建筑的调查，不少课程也环绕于地震的主题。除了本土关怀与信息科技之外，可持续发展的课题更是全球性的热门焦点，而成功大学建筑系早在20世纪末就敏锐地认知到此项议题的重要性，积极参与这方面的研究，有丰硕的成果，而国外的专家学者到系访问交流者亦日益增加，更于1998年成立"佑生环控研究中心"，中心为设有人工气候室，可以模拟不同之气候条件，进行生活环境之各项研究，为台湾环境控制、可持续建筑及健康环境相关领域研究之先驱[5]。

在重视可持续理论研究的同时，成功大学建筑系也特别强调绿色建筑教育不仅仅限于在学校教室中进行，更落实到让学生实际参与兴建小型的绿色建筑，动手于实际环境中操作成为成大绿色建筑教育的重要组成部分。例如2011年在该系林宪德教授的主导下，联合校内外专家及学生共同建设了"绿色魔法学校"，成为台湾重要的绿建教育示范基地（图13~图16）。

绿色魔法学校校址位于台湾成功大学力行校区内，被称为"东方诺亚方舟"，是台湾环保界最引人注目的焦点项目，号称世界第一座"亚热带绿建筑教育中心"，2009年已经顺利取得台湾"钻石级绿建筑候选证书"之认证，预计将进而取得美国绿建筑协会"白金级绿建筑"的认证。

此大楼为地上3层、地下1层，楼板面积4799.67m²，内设1间300人国际会议厅、6间中小会议室及行政研究办公室，建成后由成大研究基金会与部分规划设计学院办公室进驻其中，其内部设置1间"亚热带绿建筑博物馆"，俨然是一个充满趣味的建筑教育基地。

此大楼并未使用昂贵的高科技，而以"适当技术"、"本土科技"、"四倍数效益"为号召，动员了成功大学4位教授，带领12位博、硕士生为其多项建筑设计效益进行科学实验研究，通过采用空调与吊扇并用系统、灶窑通风系统、100%绿色建材，使该建筑达到节能65%的超高水平[6]。成功大学师生通过绿色魔法学校这一真实的建构，不仅建成了一个最真实的绿色建筑教学模型，而且通过设计促进了各领域、各层次的科学研究，使成功大学的绿色建筑教学在理论和实践上都具有了广度和深度。

图14　绿色魔法学校檐廊

图15　绿色魔法学校的拔风塔、风力发电，太阳能发电装置

图16　绿色魔法学校雨水收集装置

图17 台南艺术大学建筑系馆

图18 绿色社区服务中心

如今，可持续发展已与国际、本土为导向的建筑教育方向共同成为支撑起成功大学建筑系教学内容体系的三大主要支柱。

3.4 重视社会性

建筑最终是为人服务的，因此建筑教育应当而且必须是面对社会的，绿色建筑教育同样如此。由台湾著名建筑师汉宝德先生创立的台南艺术大学建筑系（建筑艺术研究所）以实践"做中学"与"做中炼"的建筑教育理念为特色，其绿色建筑教育的内容和形式多种多样，其选题既有结合校园建设需要的（图17），也有扩展到社区建设和社会生活其他领域的。例如在城乡思维与实践组的绿色建筑教育中就包括为社会服务的"社区营造"课程（图18）。

这个课程，要求学生走出校园，与当地社区中小学一起"编写绿色建筑教育大纲"，进行"绿色校园营造"和"绿色社区营造"，并在整个社区"宣传绿色文明观"。在整个课程中学生们需要与市民、建筑工人、材料供应商、社区、学校及市政管理等各类人员进行沟通和配合，这种服务社会、重视实践的绿色建筑教育在培养学生设计能力的同时，比只注重理论研究的教育模式更多地培养了学生的社会认知力、适应力和执行力。可以说，通过将绿色建筑理论融入到为社区服务，拓展了学生过去将绿色建筑仅仅局限于建筑学领域的狭隘视野，而使绿色建筑教育从过去少数专业人士的理论研究和实践层次进入到大众参与的绿色社区 绿色城市、绿色文明观的建构层次，体现了绿色建筑教育的社会价值[7]。

4.台湾大学绿色建筑教育的启示——化言为行，行以载道

目前我国正面临环境污染和产业升级的矛盾问题，而这种情况在台湾地区从20世纪90年代起就开始面对，在经过近20年的绿色建筑实践和教育后，在绿色建筑标准制定、绿色建筑实践和教育等多方面都走在大陆地区的前面，因此借鉴台湾地区大学绿色建筑教育的经验就具有客观的现实意义。

通过对台湾地区几所具有代表性的大学绿色建筑教育分析，我们将目前台湾地区大学绿色建筑教育的经验总结为"化言为行，行以载道"。换句话说，就是台湾地区大学绿色建筑教育已从单纯的理论讲授（言的阶段）过渡到将理论和设计实践、社会服务、绿色文明观宣传相结合的阶段（行的阶段），最终绿色建筑教育突破了学校的专业领域而拓展到整个社会绿色文明观建构的阶段（道的阶段）。这些经验为大陆地区大学绿色建筑教育提供了很好的参考作用，具体可概括为以下几点：

（1）让绿色建筑教育从单一课程的尝试，逐渐转变成为城市规划、建筑设计、景观规划等各专业课程共同的指导思想和基础理论。这是建筑、规划、景观教育领域在21世纪这个生态时代必须做出的教育反应。

（2）将绿色建筑设计理论与绿色建筑实践结合起来，通过为社会，为人民服务创造绿色建筑，普及绿建基础，推广绿色文明观念。建筑师、规划师、景观设计师不仅要在自己传统工作领域践行绿色建筑的理念，还应该积极参与到唤醒民众生态意识的工作中来，没有民众参与的绿色建筑革命和绿色家园构建就不可能实现。

（3）建筑是城市的基本元素，是环境的一个有机组成部分。建筑节能首先取决于建筑物的设计阶段。对于建筑系师生来说，完成一个绿色建筑设计，既要有节能、节地、节水、节材、减少污染物排放的理念和意识，更要逐步练就节能设计的技巧，并贯穿于建筑设计的全过程。

绿色建筑不一定要用高新技术，可以采用更注重于地域和气候特点的中低技术来达到低碳、环保的目的。在教学和实践中要完善绿色建筑推行机制，将规划、设计、施工、评价纳入统一教学体系，建立全程的绿色建筑生命观。

我们相信，千里之行，始于足下，只要我们将绿色建筑教育办好，让设计师都以绿色建筑和绿色环境的构建为己任，同时将绿色文明观宣传好，让每一个公民都以绿色文化指导自身的生活，我们以及我们的子孙后代拥有一个美丽、安全、健康、可持续发展的生存环境就不会只是一个梦想。

路漫漫其修远，人之行胜于言——让我们每一个人都为绿色建筑教育的发展行动起来，化言为行，行以载道。

注释：

[1] （英）布赖恩·爱德华兹．可持续性建筑 [M]．周玉鹏，宋晔皓译．北京：中国建筑工业出版社，2003
[2] 林宪德．台湾的绿色建筑与生态城市研究 [J]．动感（生态城市与绿色建筑），2010（01）．
[3] http://arch.ntut.edu.tw/files/341-1055-9-18.php
[4] http://www2.pccu.edu.tw/CRT/introduction_page.asp
[5] 傅朝卿．台湾高等建筑教育探析——以成功大学为例 [J]．建筑学报，2013（4）．
[6] 林宪德．节能 65% 钻石级绿色建筑节能 65% 钻石级绿色建筑 [J]．新建筑，2010（2）．
[7] http://arch.tnnua.edu.tw/releaseRedirect.do?unitID=195&pageID=12729

作者：苏勇，中央美术学院建筑学院　讲师，博士，德国凯泽斯劳滕工业大学访问学者

设计史论丛书

室内设计史

李砚祖　王春雨　编著

出版时间：2013 年 11 月　开本：16 开　页数：445　定价：85.00 元

标准书号：ISBN 978-7-112-14067-1　征订号：22097

　　【内容简介】这部书主要针对上古以来人类的室内环境进行叙述，内容上分为中国与外国两大部分，两部分均自上古时期起至20世纪末期结束，时间跨度较大，内容丰富复杂。作者广泛收集文献史料与实物材料，互为印证。各时期大体按照建筑结构、空间形态、室内装饰装修、室内家具陈设等分类梳理，探索其发展脉络。尤其是中国古代部分，作者更是查阅大量文献史料，结合考古成果、实物资料等进行印证。为了方便读者整体把握室内环境设计漫长复杂的发展脉络，本书在文字叙述的基础上，各章节均配有该时期的代表作品，共计千余幅。本书是国内目前在时间跨度与区域范围上覆盖面较为广泛和完整的室内设计史，适合环境艺术、家具、建筑等设计工作者以及相关专业的大、专院校师生参考和阅读。

普通高等教育土建学科专业"十二五"规划教材
建筑数字技术系列教材

SketchUp 建筑建模详解教程（第二版）（附网络下载）

童滋雨　编著

出版时间：2014 年 8 月　开本：小 16 开　页数：338　定价：46.00 元

标准书号：ISBN 978-7-112-16979-5　征订号：25219

　　【内容简介】本教材采取了以建筑建模为核心的结构模式，强调建模思路和方法的类型化，以不同类型的建模方法选择相对应的建筑实例，建立完整的建筑实例体系，帮助读者通过实际案例操作实现软件功能的掌握。软件功能完全为目的服务，从而使得教材具有更强的专业性和更长的时效性。本书除供高等学校建筑学、城市规划、风景园林、艺术设计等专业的学生和有关专业人士之用，也可作为其他有关人员参考和阅读使用。

普通高等教育土建学科专业"十二五"规划教材
高校建筑学专业规划推荐教材

中外建筑艺术

刘先觉　编著　杨晓龙　参编

出版时间：2014 年 4 月　开本：16 开　页数：175　定价：32.00 元

标准书号：ISBN 978-7-112-16215-4　征订号：24973

　　【内容简介】这是一本有关建筑艺术的科普读物，也是一本学习建筑艺术知识的入门之书。世界在发展，人们对建筑艺术的关注也在与时俱进，作为人们日常最密切的实用艺术，更值得我们关注。本书目的是要让读者了解建筑艺术在我们社会中的地位与作用，学习如何鉴赏建筑艺术，从而提高对建筑艺术的文化素养，共同建设适宜人居的美好城市与生态环境。本书作者在阐明建筑学的意义的基础上，着重介绍了西方、东方和中国建筑艺术的精粹，并对当代建筑的特点进行了客观的评介，同时也对建筑艺术的发展趋向作了科学的分析。本书附有丰富的插图和新颖的图片，使读者可以获得一个比较具体而生动的形象。

　　本书既可以供一般读者使用，也可以对专业读者起到参考借鉴的作用。

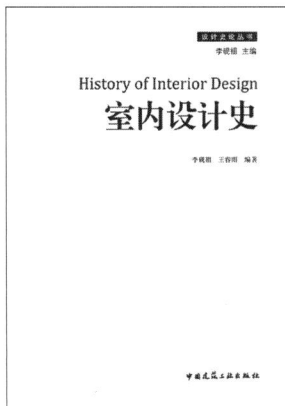

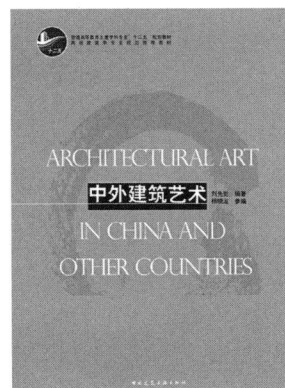

室内设计与建筑装饰专业教学丛书
暨高级培训教材

室内环境与设备

华南理工大学　吴硕贤　　主编
上海交通大学　夏　清

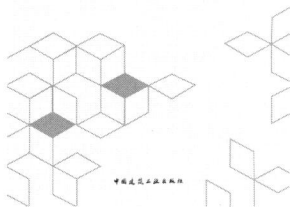

出版时间：2014 年 4 月　开本：国际 16 开　页数：220　定价：35.00 元
标准书号：ISBN 978-7-112-16209-3　征订号：24948

　　【内容简介】本书介绍与室内声环境、光环境、热湿环境和空气洁净有关的基本原理、评价指标、标准规范、控制设备、材料构造、技术措施及设计方法。本书阐述深入浅出，图表丰富，举例得当，内容先进实用。

　　本书可作为室内设计、环境艺术、建筑学等专业的高校教材及研究生参考用书，也可作为建筑装饰与室内设计行业技术人员、管理人员的继续教育与培训教材及工作参考指导书。

全国高等学校建筑学学科专业指导委员会建筑美术教学工作委员会推荐教材
中国建筑学会建筑师分会建筑美术专业委员会推荐教材
全国高校建筑学与环境艺术设计专业美术系列教材

色彩基础

董雅　陈学文　著

出版时间：2014 年 9 月　开本：16 开　页数：82　定价：39.00 元
标准书号：ISBN 978-7-112-15868-3　征订号：24624

　　【内容简介】本书系统地介绍了色彩基础知识，包括色彩名词术语、写生色彩变化的一般规律、色彩空间表现的一般规律、色彩心理、从绘画色彩到抽象色彩、色彩设计应用、从绘画色彩至设计色彩案例分析等内容。同时为了帮助读者更好地理解和使用，本书随文配置了大量的图片，以供学习和借鉴。

高校建筑学与艺术设计专业设计基础系列教程

平面构成

天津大学　叶武　编著

出版时间：2014 年 6 月　开本：16 开　页数：96　定价：40.00 元
标准书号：ISBN 978-7-112-15474-6 征订号：24084

　　【内容简介】本书是高校建筑学与艺术设计专业设计基础系列教程中的一本，注重对综合运用知识方面的剖析，主要内容包括平面构成的基本造型元素与情感特征，组织形式与美学原理，以及平面构成在建筑设计及其他艺术设计中的应用等内容。

　　本书可作为高等院校建筑学与艺术设计专业设计基础教学用书，适用于建筑学、环境艺术、城乡规划、风景与园林、室内设计、工业产品设计、平面设计等专业的本科、职业院校的设计教学，也可作为一般建筑和艺术设计方面的专业人员、美术爱好者自学，以及艺术专业考前辅导和培训所用。

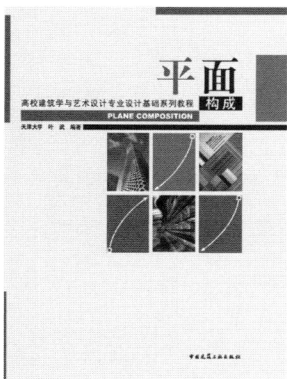

建筑色彩学（第二版）

陈飞虎　主编　彭鹏　副主编

出版时间：2014 年 8 月　开本：16 开　页数：96　定价：42.00 元

标准书号：ISBN：978-7-112-16217-8　征订号：24975

【内容简介】本书从中外建筑色彩的发展史出发，对建筑色彩的基本理论以及自然色彩系统检测方法进行了具体阐述；同时对建筑色彩的文化层面进行了较为系统的分析；最后，本书就如何在建筑设计及环境设计的各个方面合理利用色彩来塑造空间、表达精神、传递文化，作了较为全面的论述。

建筑师起点——从岗位实习到职业规划

张广平　于奇　著

出版时间：2014 年 11 月　开本：20 开　页数：约 250　即将出版

标准书号：ISBN：978-7-112- 16278-9　征订号：25034

【内容简介】本书将建筑学专业岗位实习和建筑师职业规划定义为"建筑师起点"，从专业实践经验出发，总结教学成果与实际案例，一方面对建筑学专业实习阶段进行了全过程的分析和研究，另一方面结合建筑学专业就业多元化发展的态势，剖析了建筑学专业毕业生可能面临的职业发展路径，试图引导高年级建筑学专业学生和入职不久的年轻学子踏上建筑界的通途。

社区公共艺术与景观小品

靳超　朱军　著

出版时间：2014 年 10 月　开本：16 开　页数：168　定价：49.00 元

标准书号：ISBN：978-7-112-16691-6　征订号：25541

【内容简介】伴随着大量社区出现，社区的环境问题日益突出，加快社区景观环境建设已经成为城市管理部门、建设单位以及广大城市居民十分关注的问题。本书就城市社区内公共艺术与景观小品展开论述，主要内容包括城市公共艺术与社区公共艺术的发展，社区传统造型的雕塑，社区现代造型的雕塑，社区景观小品设施建设、设计分析，并通过对小品建筑如亭、桥、景墙、廊架等设施，以及生活设施小品如座椅、健身娱乐器材、花盆、路灯、标识牌、垃圾桶、自行车架等硬质景观，进行了全面的介绍；本书另外还对社区公共艺术和环境建设提出思考。

　　本书适用于公共艺术、艺术设计等领域的专家、学者、从业者，以及公共艺术设计、艺术设计、环境艺术设计等相关专业的师生。

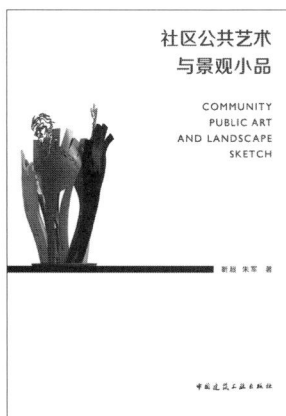

《中国建筑教育》2014·专栏预告及征稿

《中国建筑教育》每期固定开辟"专题"栏目和"众议"栏目——"专题"栏目每期设定核心话题，针对相关建筑学教学主题、有影响的学术活动、专指委组织的竞赛、社会性事件等制作组织专题性稿件，呈现新思想与新形式的教育与学习前沿课题；"众议"栏目，希望提供一个各方争鸣的平台，每期设定一个话题，针对现阶段中国建筑教育中比较突出且普遍的问题，进行开放式的探讨、评述与争鸣。

2014年，《中国建筑教育》力争做到全年四册发行，争取每个季度与大家见面。

《中国建筑教育》2014年主要专栏计划：

2014（总第7册）：专栏"国外建筑学博士教育"+ 众议"我眼中的建筑系"+ 与"中国建筑学会特别教育奖"获得者栗德祥先生对谈；

2014（总第8册）：专栏"东北地区建筑院校教学改革与转型"+ 众议"众说设计竞赛与评图"；

2014（总第9册）：专栏"建筑史教学研究与改革"+ 众议"校园中的建造实践"（本册截稿日期：2014.10.30）；

2014（总第10册）：专栏"建造中的材料与技术教学研究"+ 众议"回忆当年的第一个建筑设计（手绘表现、模型制作……）"（本册截稿日期2014.12.31）。

《中国建筑教育》来稿须知

1．来稿务求主题明确，观点新颖，论据可靠，数据准确，语言精练、生动、可读性强，稿件字数一般在3000-8000字左右（特殊稿件可适当放宽），"众议"栏目文稿字数一般在1500-2500字左右（可适当放宽）。文稿请通过电子邮件（Word文档附件）发送，请发送到电子信箱2822667140@qq.com。

2．所有文稿请附中、英文文题，中、英文摘要（中文摘要的字数控制在200字内，英文摘要的字符数控制在600字符以内）和关键词（8个之内），并注明作者单位及职务、职称、地址、邮政编码、联系电话、电子信箱等（请务必填写可方便收到样刊的地址）；文末请附每位作者近照一张（黑白、彩色均可，以头像清晰为准，见刊后约一寸大小）。

3．文章中要求图片清晰、色彩饱和，尺寸一般不小于10cm×10cm；线条图一般以A4幅面为适宜，墨迹浓淡均匀；图片（表格）电子文件分辨率不小于300dpi，并单独存放，以保证印刷效果；文章中量单位请按照国家标准采用，法定计量单位使用准确。如长度单位：毫米、厘米、米、公里等，应采用mm、cm、m、km等；面积单位：平方公里、公顷等应采用km^2、hm^2等表示。

4．文稿参考文献著录项目按照GB7714-87要求格式编排顺序，即：

（1）期刊：全部作者姓名. 书名. 文题. 刊名. 年，卷（期）：起止页
（2）著（译）作：全部作者姓名. 书名. 全部译者姓名. 出版城市：出版社，出版年.
（3）凡引用的参考文献一律按照尾注的方式标注在文稿的正文之后。

5．文稿中请将参考文献与注释加以区分，即：

（1）参考文献是作者撰写文章时所参考的已公开发表的文献书目，在文章内无需加注上脚标，一律按照尾注的方式标注在文稿的正文之后，并用数字加方括号表示，如[1]，[2]，[3]，…。

（2）注释主要包括释义性注释和引文注释。释义性注释是对文章正文中某一特定内容的进一步解释或补充说明；引文注释包括各种引用文献的原文摘录，要详细注明节略原文；两种注释均需在文章内相应位置按照先后顺序加注上标标注如[1]，[2]，[3]，…，注释内容一律按照尾注的方式标注在文稿的正文之后，并用数字加方括号表示，如[1]，[2]，[3]，…，与文中相对应。

6．文稿中所引用图片的来源一律按照尾注的方式标注在注释与参考文献之后。并用图1，图2，图3…的形式按照先后顺序列出，与文中图片序号相对应。

中国建筑学子包揽"第25届UIA（国际建筑师协会）世界大学生建筑设计竞赛" 前三甲

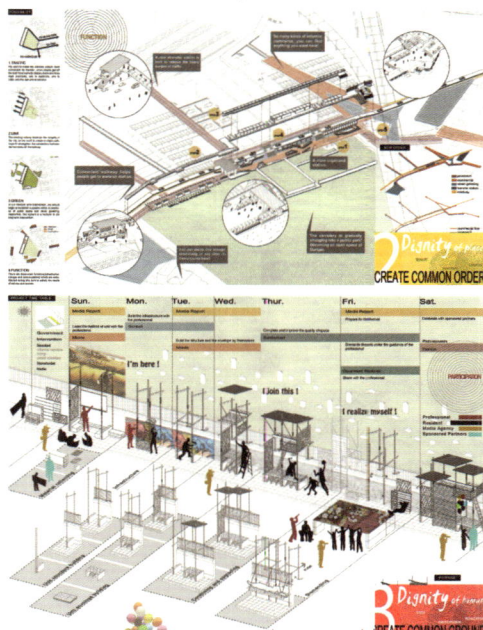

图1、2为一等奖作品"缝合城市（Suture the city）"（学生：吴明奇、牛童、冯贞珍、崔哲伦、罗典，指导老师：裴钊）

图3、4为二等奖作品"场所尊严"（Dignity of city）（学生：周正、卢肇松、古悦、张士骁、高元、鞠曦；指导老师：李昊）

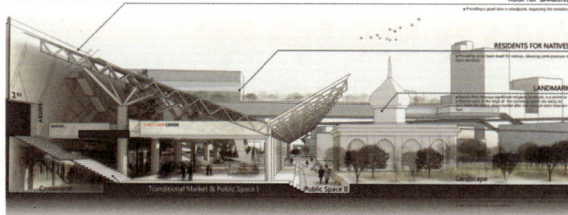

2014年8月3～7日，"别样的建筑，别样的UIA——第25届世界建筑师大会"在南非德班市顺利举办。本次大会围绕三个分主题——"适应（Resilience）"、"生态（Ecology）"、"价值（Values）"——进行了全球建筑行业的展览、演讲和竞赛活动。在"UIA(国际建筑师协会)世界大学生建筑设计竞赛"环节，由来自中国、英国、法国、德国、美国等50多个国家和地区的建筑院校学生报送了共计478份参赛作品，大会从最终入围的15份作品中评选出前4名的作品，中国学生包揽前三甲，西安建筑科技大学建筑学院学生吴明奇团队、周正团队斩获第一名和第二名，清华大学熊哲昆团队获得第三名。

"UIA(国际建筑师协会)世界大学生建筑设计竞赛"，是由国际建筑师协会和联合国教科文组织配合每3年举办一次全球建筑师大会而举办的建筑设计竞赛，至今已举办了21次；是当今世界建筑学专业学生的最高规格竞赛，被喻为"世界建筑学专业学子的奥林匹克大赛"。我国大学生于20世纪80年代中叶，即参加UIA国际竞赛并获优异成绩。从1985年（第15届）至2011年（第24届）的几届大会中，西安建筑科技大学的学生作品曾连续八届获奖，并于1990年（第17届）荣获世界大学生建筑设计竞赛第一名：联合国教科文组织奖。因西安建筑科技大学在此项赛事中的突出表现，1999年于北京召开的第20届国际建协大会将大学生建筑设计竞赛单元交由该校承办，并获得极大的成功。2014年，西安建筑科技大学第9次获奖，并包揽前两名，为中国学生在国际上赢得了极大的声誉。

本次竞赛的主题是"别样的建筑——寻找其他途径，创造美好未来"。竞赛选址于南非德班老城中心的沃里克枢纽站地区，要求围绕UIA第25届世界建筑师大会的三个子主题——"适应"、"生态"、"价值"，以大视野、小干预的方式开展城市设计，解决该地段的现实和发展问题。西安建筑科技大学建筑学院本科四年级学生吴明奇、牛童、冯贞珍、崔哲伦、罗典团队，在裴钊老师的指导下，提交的设计方案——"缝合城市"（Suture the city）——获得竞赛第一名。评委认为该方案"为2050年的德班提供了一个长期发展的蓝图：通过建造一个教育综合体，创造新的城市公共空间，促进社会凝聚力。方案最出色的地方在于：将沃里克枢纽站转变为城市再发展的契机，将被激活的火车站纳入城市的整体发展轨迹中，加强了地段与周边环境的联系，设计真正建立并强化了生态和弹性的理念"。

五年级学生周正、卢肇松、古悦、张士骁、高元、鞠曦团队，在李昊老师的指导下，以"场所尊严"（Dignity of city）为主题提交的设计方案获得第二名。评委认为该方案"具有强烈的时代意识，利用微小体贴的手法进行建造，充分理解文脉，从而取其精华、去其糟粕，让评委会印象深刻。通过对基地全面、充分的认知，方案展示了一个有深度、有层次的视野，并从一个从长远视角出发去构建场所。这个议题最重要的特点是建立了一系列连贯的事件，通过创造共同环境、共同场所以及共同基础，反映了学生对地块复杂性的独特理解，并对整个空间策划发展进程进行把握，通过小型干预，达到长远视野目标，从而回应当地城市与居民的诉求"。

风雨砥砺三十载 薪火相传续华章

——大连理工大学建筑与艺术学院发展纪实

三十载岁月峥嵘，又多少风雷激荡——扎根于大连理工大学的沃土，建筑与艺术学院一路走来，乘风破浪。

大连理工大学建筑系成立于1984年。但其发展历史可以追溯到1949年大连工学院（大连理工大学前身）建校初期的土木系建筑工程专业组。当时曾招收一届17名学生，主要教师有汪坦和萧宗谊两位建筑学方面的专家。1951年，学校开始在栾金村凌水河畔（现大连理工大学的主校区）建设新校区，汪坦担任新校区的总设计师。他和萧宗谊老师亲自带领建筑组的同学们，测量校区地形，进行办学基础建筑的设计施工。经过近两年的努力，一批教学楼、宿舍、食堂等在凌水河畔拔地而起，基本保证了学校硬件办学条件。1952—1953年全国院系调整，大连工学院土木系建筑专业组调出与东北工学院建筑系合并停办，汪坦老师调往清华大学建筑系，萧宗谊老师仍留校任教。

20世纪80年代，由于改革开放和国内建筑业的发展，建筑设计的人才极其短缺。大连工学院决定抓住机遇，重建建筑系。1983年学校在水利系内招收一个建筑学班（34人），1984年10月，建筑工程系正式建立。时任大工校长的钱令希院士费心筹划，聘请南京工学院（现东南大学）齐康教授兼任大连工学院建筑系主任。由于师资缺乏，建筑系从国内建筑老八校聘请一批著名教授来校兼课，如清华大学的汪坦教授、胡允敬教授、詹庆旋教授、车世光教授，东南大学的齐康教授、刘先觉教授、刘叙杰教授，天津大学的聂兰生教授、童鹤龄教授、章又新教授等。建筑工程系发展时期，学院师资从极度匮乏发展到教师队伍老中青梯队结构比较合理；人才培养坚持高起

点的办学模式，建筑学本科专业逐步发展完善；1987年开始招收建筑设计及其理论专业硕士研究生，标志着大工建筑学教育迈入一个新的发展阶段；科学研究和国际合作逐步开展，取得初步成果。

1996年，大连理工大学成立土木建筑学院，含建筑系。面对社会的急剧转型与下海潮对教育阵地的冲击，建筑系咬紧牙关、顶住压力，寻求发展契机：积极引进人才，探索学科专业发展，开设工业设计本科专业，增设城市规划和室内设计专业方向。经过不懈奋斗与努力，建筑系终于取得了丰硕的成果：教师承担的设计项目屡获奖项；2000年6月建筑学本科专业首次参加全国高等学校建筑学评估委员会的专业教育评估并顺利通过；学生在全国大学生建筑竞赛中多次获奖。建筑系在全国建筑教育界地位的不断上升，极大地鼓舞了人心，并增强了建筑系整体的凝聚力。

顶住压力、峰回路转的建筑系越战越勇、且歌且行——2002年建筑系独立为建筑与艺术学院。学院成立后，学科专业快速发展，人才培养质量逐步提高，师资队伍不断壮大，科研实力迅速提升，学术交流日益增多，于2009年成立城市规划系，2011年成立工业设计系。经过一代代建艺人的不懈努力，大连理工大学建筑与艺术学院不断发展壮大，一路走来，硕果累累。

建筑系、艺术系、城市规划系和工业设计系——四大系携手并肩，共同支撑起建艺学院的基本构架。学院拥有建筑学博士后科研流动站、建筑学和城乡规划学两个一级学科博士点以及美术学和设计学两个一级学科硕士点；有6个本科专业：建筑学、城乡规划学、环境设计、视觉传达设计、雕塑和工业设计。目前学院已经形成了以建筑学为龙头、兼顾工程技术与人文艺术的多学科专业平台。

学院高度重视师资队伍建设工作，大力加强师资的引进与培养工作，积极引进学历层次高及海外留学归国的师资力量。同时，鼓励青年教师攻读博硕学位，使青年教师的专业素质、教学水平与科研能力不断提升。学院现有教职员工102人，专职教师88人，其中教授15人，副教授26人，并聘有国外教授承担课程教学——一支素质优良、精干高效的师资队伍已然形成。

学院积极进行建筑学和城乡规划专业教育评估工作，以专业评估为契机，大力促进学科专业建设，取得了可喜的成绩：2008年5月，建筑学本科和硕士教育以优异成绩通过全国高等学校建筑学评估委员会的专业教育评估（有效期7年）；2014年5月，城乡规划学参加全国高等学校建筑学评估委员会的专业教育评估，本科教育优秀通过（有效期6年），硕士教育首次参评顺利通过。学院2012年参加教育部组织的全国高校第三轮学科评估，建筑学排名第九，城乡规划学排名第十七。

学院承担了大量国家和地方的重要科研项目，发表了一批高水平的学术论文和艺术作品，多项科研成果获得省部级奖项。近年来，承担国家自然科学基金15项、国家社会科学基金项目1项、教育部人文社科项目10项，以及教育部博士点基金项目、住房和城乡建设部科学技术计划项目、住房和城乡建设部软科学研究项目30余项，完成重要工程设计实践项目300余项，获省市级优秀工程设计奖30余项。学院与校出版社联合主办《建筑细部》、《景观设计》、《日本新建筑》杂志，扩大学院学术影响力。

学院还广泛地与美国、法国、日本、韩国、意大利、西班牙等国家知名院校进行学术往来，与罗马大学建筑学院、米兰理工大学建筑学院签订了院际合作与交流协议。学院经常邀请国内外著名学者来院作学术报告，营造出活跃的学术氛围，使师生了解世界最先端的建筑艺术文化。同时，积极利用学校引智项目——"海天学者"国际合作交流基金，聘请美国、澳大利亚、日本和韩国等国家的学者来学院长期从事教学工作；聘请国内外著名学者、建筑师来我院作为客座教授，参与学院的学科建设和教学。每年举办和参加国际工作坊教学活动，取得良好教学效果。

学院现有在校学生1200余人，包括本科生913人，硕士生266人，博士生56人，另有工程硕士87人。同时，学院支持学生利用校际项目到台湾等高校进行交换学习，并接收来自其他国家的留学生来院学习，目前学院共有国际留学生32人，分别进行本硕博的学习。

学院拥有完备的硬件设施。结合专业特点，学院配备专用专业教室、绘画教室、图书资料室、多功能展厅等教学设施；建筑物理实验室、模型实验室、城市规划技术实验室、工业设计实验室、校文科综合实验教学中心艺术实验室（包括陶艺、艺术造型、光色艺术、印刷、纸艺、艺术摄影、数字艺术等实验室），为各个专业的学生提供了丰富的实验和实践基地。

工科与文科相融合是学院的一大专业优势，学院注重利用此项优势，推动文化建设，开展了特色鲜明、丰富多彩的文化活动，激发师生的工作和学习热情，创造良好的学院文化氛围。

三十载风雨兼程，建艺学院几经沧桑，奋发图强，赢得桃李满天下，已为社会培育了2000余名高素质的专业人才。

忆往昔岁月峥嵘，看今朝风华正茂。站在新的历史时期，大连理工大学建筑与艺术学院将以更加执着的努力、更加广阔的视野、更加开放的姿态，加快推进一流教育学科建设，为实现大连理工大学"建设国际知名的高水平研究型大学"的办学目标，为国家教育事业的繁荣发展做出更大的贡献！

北京清润国际建筑设计研究有限公司成立于2002年，是较早进行混合所有制机制探索的综合性设计机构。拥有建筑工程甲级与风景园林乙级设计资质，员工120余名。12年来，清润国际以清——清以修身、润——润以养心，为企业文化；以实干、尽责、严谨、创新为院训；以弹性管理下的扁平化组织为依托。在激烈的市场竞争中，不断胜出，完成了数百项工程设计工作，作品遍布中国与世界多个地区。清润国际主要从事策划咨询、规划设计、建筑设计、景观设计、室内设计、工程总承包等业务。致力于为设计师搭建一个有尊严的设计平台，为业主提供超预期的全程服务，努力推动业主的成功。

古巴. 哈瓦那

法兰克

里昂

里斯本

赫尔辛基

莫斯科

布拉格

乌克兰 敖德萨

乌兹别克斯坦

乌鲁木齐

长春

克什克腾

通化

伊斯坦布尔

大马士革

银川

包头

呼和浩特

鄂尔多斯

北京

天津

西安

信阳

无锡

南京

尼泊尔

桂林

南宁

茵莱湖

仰光

马尼拉

吉布提

马尔代夫

雅加达

科摩罗

清润国际

www.tsingrun.com.cn

中国建筑教育

CHINA
ARCHITEC-
TURAL
EDUCATION

创办时间轴

1979
《建筑师》

1980
《建筑施工手册》

2005
《建造师》

2006
《室内设计师》

2008
《中国建筑教育》

2008
《中国绿色建筑》

2009
《中国建设年鉴》

2010
《中国低碳生态城市发展报告》

2012
《中国建筑节能现状与发展报告》

2013
【国际建筑师论坛】

2014

—— 广告刊登范围 ——

我社出版的期刊、年鉴、连续出版物、一般应用图书、工具书（手册）、电子、音像制品以及中国建筑出版在线平台。

《建筑师》
《中国建设年鉴》
《中国建筑教育》
《建筑施工手册》
《建筑师》丛书
《建造师》
《室内设计师》
《室内设计师年鉴》
《中国绿色建筑》
《中国低碳生态城市发展报告》
《中国建筑节能现状与发展报告》
【国际建筑师论坛】
【中国建筑出版在线】
【网上书店】

联系方式

广告部(李立雅、柳冉)：010-58933893（传真）
营销编辑部（柳涛）：010-58933828
地　址：中国建筑工业出版社（建设部北配楼532）
邮　编：100037